乡村民宿

何崴 付云伍 编译

江苏凤凰科学技术出版社

乡村民宿与设计

民宿是当下中国投资领域最火热的主题之一，也是建筑设计领域最活跃的主题之一。究其缘由，主要得益于近年来休闲旅游特别是乡村休闲度假旅游的兴起。一方面，随着经济的发展，国人逐渐富裕起来，对旅行和度假的诉求也逐渐增加；另一方面，城市的高速发展导致了一系列“大都市病”，如环境污染问题、食品安全问题、亚健康问题和精神压力问题等，久居城市的人都容易处于一种焦虑状态。回归田园与山野，找寻“诗与远方”，成为当代都市人群普遍存在的情结，而民宿的兴起在一定程度上满足了此类诉求。

民宿并不是一个新事物，在英国、日本等国家，各种形式的民宿早已经历了高速发展的阶段，趋于成熟，各国也制定了相关的法规来管理民宿。在英国，B&B（Bed and Breakfast）这种为住客提供床铺和早餐的家庭旅馆早已成为游客体验英国乡间生活的重要组成部分；在日本，无论是和式民宅“Minshuku”还是农村旅社（Farm Inn），都以其超高的性价比、干净舒适的环境，以及管家式服务获得了外来游客特别是背包客的喜爱，成为了解日本本土文化的重要途径之一。在中国台湾，民宿是外来游客住宿的首选，民宿主人不仅为游客提供住宿，也充当导游的角色，成为游客深度了解当地文化的桥梁。

传统民宿的规模一般都不大，大多由民宅略做改造而成。大部分民宿不会专门请建筑师进行设计，改造也相对简单，以实用为主，自由、放松，没有特定之规，也很少有特别的风格手法。大多数时候，民宿主人仍然居住在房屋中，甚至和住客同居一层，仅一墙相隔；有些游客居住的房间里没有独立的卫生间，需要到房屋中公用的卫生间去洗漱。如此这般，在略微不便的同时，游客与房主的关系被微妙地联系在一起，游客也就变为了暂时的家人。这与普通旅馆相对干净、私密，但冷漠的服务关系不同，游客变为房客，进而变为了朋友，甚至是家庭成员。随之，“异地”也就变为了“当地”，这也许就是民宿的核心魅力所在：不求奢华，也没有特殊的设计，但有一种家庭式的温馨和恬淡。当然，相对实惠的价格也是非常重要的。笔者在年少游学欧洲时没少住在民宿中，对于民宿的各种滋味深有体会，现在每每想起，会心一笑，全是远方和少年时代的回忆。

当前，我国的民宿行业正处于一个高速发展的阶段，表现出的特征也与传统的民宿有些不同：建设规模更大，发展速度更快，投资额度更高，一切都方兴未艾；但另一方面，传统民宿原有的小而温馨、朴实而价格合理的特点也在逐渐消失。一种度假酒店式的“新民宿”也许更能准确定义我国民宿当前的状态。

应运而生的是对此类“新民宿”的设计和思考。笔者认为，我国当前的“新民宿”大约可以分为如下几种类型：按民宿所在地点分类，可以分为城市民宿、乡村民宿和野宿。城市民宿多位于历史城市的历史街区中，依托周边的名胜古迹或传统文化，利用传统民居改造而成，如近年来北京四合院改造的民宿就是此类的代表。与城市民宿相比，乡村民宿数量更多、分布范围更广，它们往往位于传统村落或者特色村落中，依托当地的历史文化或自然农业景观，形成一个由特色环境、历史文化、建筑空间和田园服务构成的闭合环。野宿则比较特殊，它一般设立在有独特自然风貌的环境中，住宿形式也不一定是固定的永久性建筑物，可以是帐篷、集装箱构筑物、树屋等，建筑与环境的共生关系，以及是否可以体验到不同的风景，是此类民宿的重点。

按建造方式分类，“新民宿”大致可以分为新建、改造、新老组合和临时构筑物4种；按设计者属性分类，又可以分为由主人自己设计的民宿、由建筑师设计的民宿、由室内或其他设计学科设计师设计的民宿、基本没有设计的民宿这几类。

类型不同，情况不同，对应的设计也自然不尽相同，但无论是哪种“新民宿”，功能的合理设计及理想的经济回报都是首先要考虑的因素。毕竟作为一种经营性的“旅馆类”建筑，其功能诉求和经济诉求必须得以满足。与之对应，在设计中民宿的总体定位，客房的数量、面积和布局的合理性，公共配套和客房的配比等问题就必须要重点解决。设计师有时也是半个经营者，要从住户和经营者的角度思考问题。在功能合理的基础上，追求美观和设计感，也是民宿设计必不可少的内容。毕竟在一个快速消费和碎片化传播的时代，绚烂的视觉性、特殊的体验感也是当下民宿得以生存的必要条件。当然，“新民宿”设计还必须面对硬性空间与软性服务之间的联动、文化保护与传承、品牌传播和连锁、众筹资金等一系列问题，而这些都给“新民宿”的设计提出了新的挑战。

如何在传统建筑学基础上跨越传统建筑学的边界？如何在消费空间的语境下保持“诗意栖居”的本意？这许多问题不可能靠民宿设计解决，但在民宿设计中可以或多或少地看到对这些问题的思考。这也许就是我们关注民宿、关注民宿设计的价值所在。

何崴

2019年写于北京

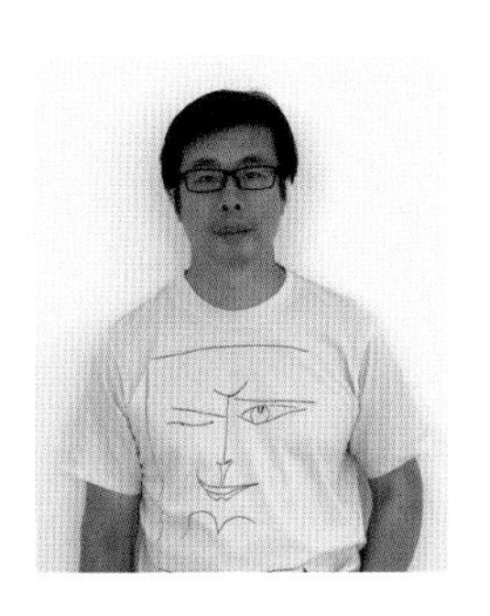

何崴

毕业于清华大学建筑学院，后在德国斯图加特大学取得建筑与城市规划硕士学位，归国后取得中央美术学院设计艺术学博士学位。现任中央美术学院建筑学院教授、数字空间与虚拟现实实验室主任。建筑师，三文建筑 / 何崴工作室创始人。长期从事建筑、城市、灯光、艺术等方面的跨界教学、研究和创作，代表作品有西河粮油博物馆及村民活动中心、爷爷家青年旅社、北京定慧圆 · 禅空间、安龙国家山地户外运动示范公园游客服务中心、熔岩美术馆等，并多次参加意大利威尼斯建筑双年展、韩国光州双年展等国内外展览。

目 录

中国河南省信阳市新县
Xin County, Xinyang City, Henan Province, China

别苑
B Garden

- 项目面积
  920 平方米 (920 square meters)
- 设计
  三文建筑 (3andwich Design)
- 主持设计师
  何崴 (He Wei)
- 设计团队
  陈龙 (Chen Long)，李强 (Li Qiang)，
  赵卓然 (Zhao Zhuoran)，宋珂 (Song Ke)，
  汪令哲 (Wang Lingzhe)，黄士林 (Huang Shilin)
- 摄影
  金伟琦 (Jin Weiqi)，周梦 (Zhou Meng)

01

诗意与自然

“别苑”项目位于河南省信阳市新县，是大别山露营公园的重要组成部分。别苑建在大别山山脚下的一个小高台上，背后的山丘植被丰富，前面有一片小茶园，稍远处则是贯穿露营地的河流。站在别苑向南看，视野开阔，河水从面前流过，令人心旷神怡。从中国传统文化角度来看，这里无疑是一个好地方。

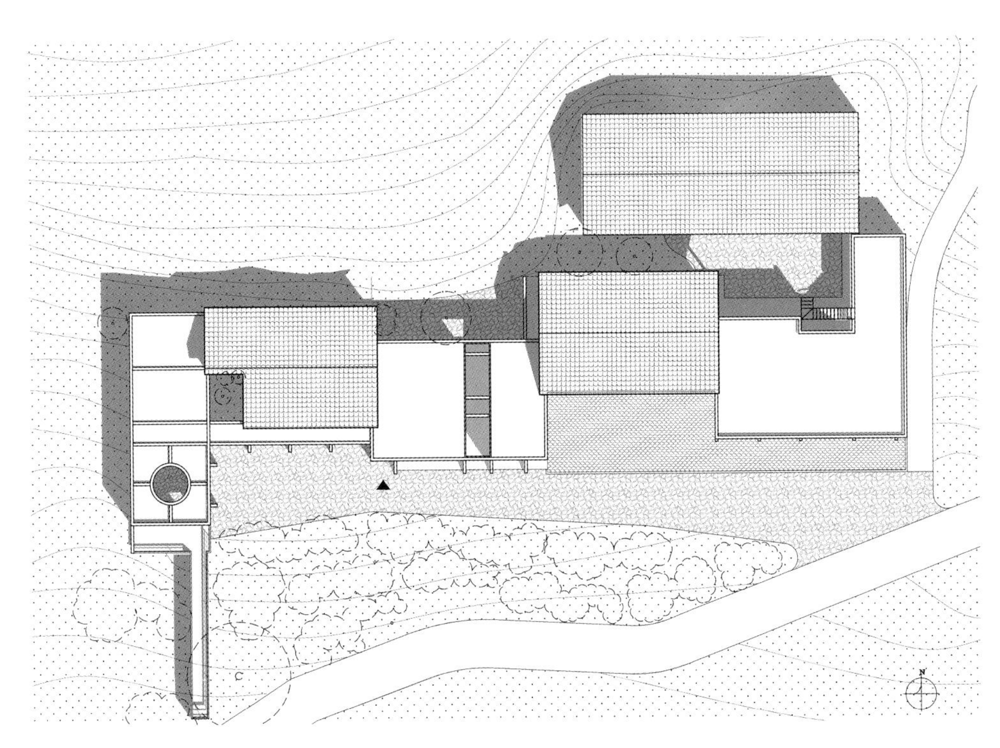
总平面图

01 / 从水面看客房

02 / 从路上仰视别苑茶室的外廊

民宿的改变

设计伊始，业主和设计团队在别苑的建筑功能上便产生了分歧。业主希望这里尽可能多地兴建客房；而设计团队则认为，这组建筑更应该体现公共功能，成为整个露营公园的服务设施。经过讨论以及对园区的分析，双方逐渐统一思想，新建筑的功能定位也逐渐清晰起来：别苑将不是一个简单的民宿，也不是单纯的公共服务配套设施。这栋新建筑将被赋予复合功能，不仅包括客房，也将拥有咖啡厅、茶室、可用于聚会或者农事体验培训的多功能厅，以及用于休养身心的冥想空间。这些功能空间不是彼此独立的，而是互相交织在一起，并由复杂的交通线串联起来。

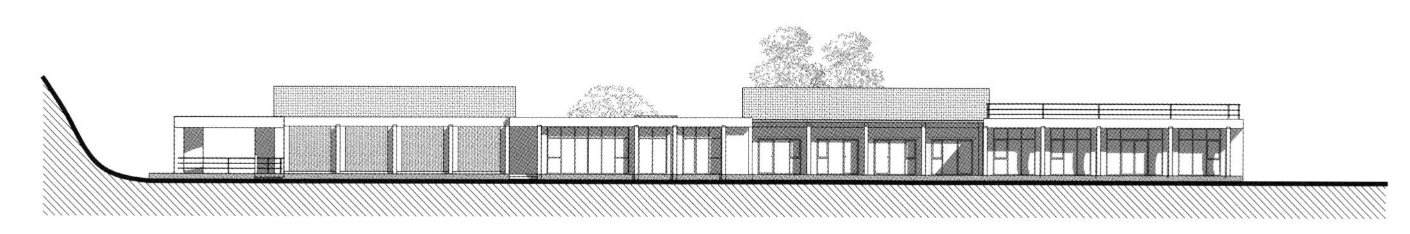

外部立面图

03 / 浅水池为建筑增添了一分灵动，也为儿童提供了夏季的游戏场所

04 / 别苑外景

05 / 冥想空间

06 / 茶室入口

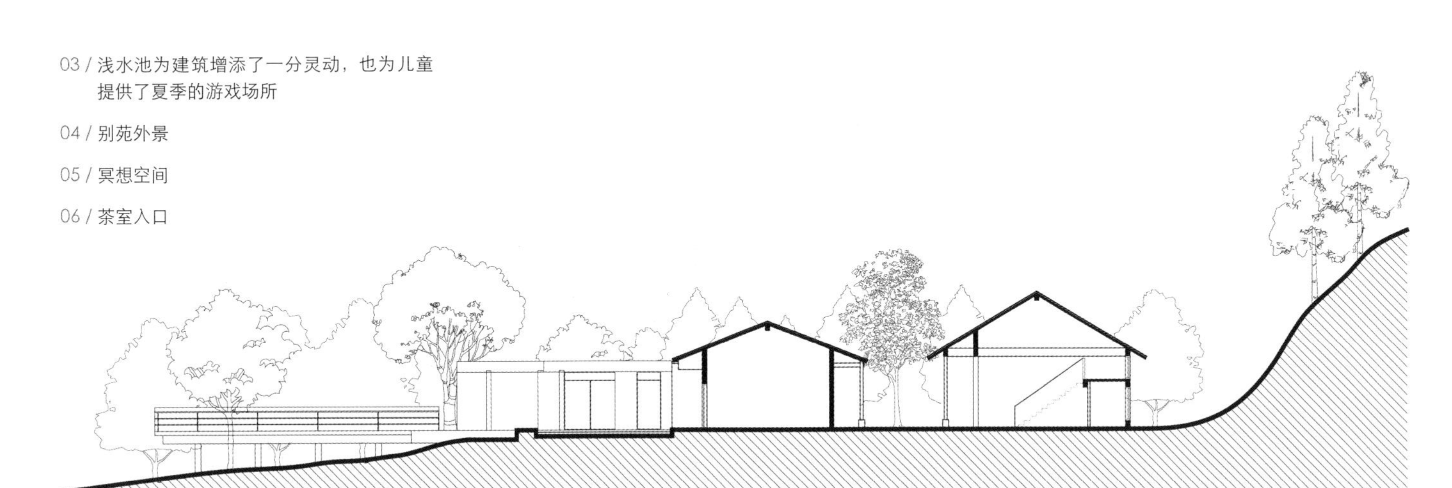

短向剖面图

理念与实现

复合的建筑功能赋予了别苑“综合体”的特性，让别苑的功能性丰富起来，不仅能够提供旅游住宿服务，更能体现出“田园性”的核心。别苑的“田园性”不仅反映在它地处大别山腹地、深处山林之中的地理特质，还因为它未来的经营内容都将围绕着山林展开。从采茶、制茶等农事体验活动，到利用周边物产开发一系列创意农业产品打造自身特色，再到围绕绿色健康产业组织的登山、养生等活动，别苑的定位已经不再局限于仅仅满足居住需求的民宿酒店，而是把自身打造成一个小型田园综合体。

别苑由多栋建筑组成，由于场地限制，大部分建筑呈水平展开。设计师将建筑进行错列安置，并交替使用平顶和双坡顶（双坡顶暗示了原有民宅的位置）。这样做的结果是：建筑群之间呈现相互咬合的状态，曲折的平面和立面外轮廓线则为人们带来视觉上的享受。

院子和道路的巧妙设计是别苑项目空间的另一大特征。设计师认为，中国传统建筑最吸引人之处在于房屋、院子和道路之间的关系。这种关系不仅仅包括物理空间层面，还包含视觉和心理层面，体现着建筑的内与外、开放与封闭。在设计师看来，房屋和院子互为表里，而道路作为房屋和院子之间的联系媒介，联通了室内与室外。

05

06

07

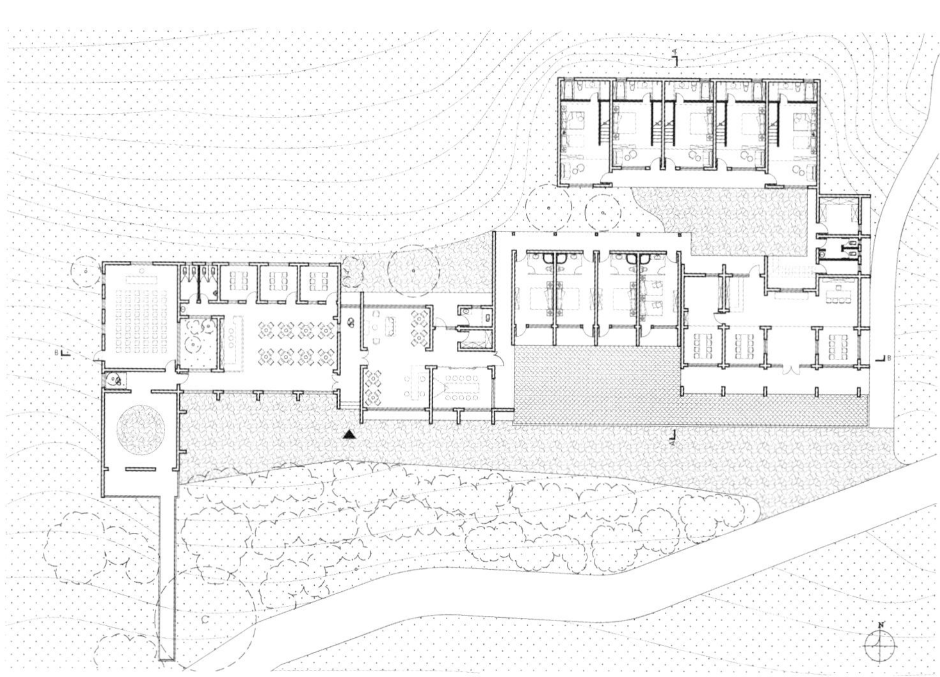
一层平面图

07 / 从咖啡厅透过窗户看水池和茶室入口柱廊

08 / 半露天的冥想空间，光影和界面，变与不变

09 / 狭小的走廊和夸张的大厅形成空间上的对比

08

09

在设计师的安排下，道路除满足交通功能外，同时也让空间的内外关系变得连贯起来。在别苑项目中，设计师希望在农舍的建筑语境下，充分讨论房屋、院子和道路之间的关系。因此，多个不同空间特征的院子被打造出来，它们穿插在建筑体之间，将建筑与周边环境、建筑与建筑隔开，形成一个个空白。这些空白除了功能作用外，更多的是满足人们视觉和心理上的需要。

10 / 客房室内

11 / 咖啡厅室内

12 / 茶室中不同特性的独立空间，窗户的取景、框景让室内外空间进行对话

乡建与情怀 别苑，顾名思义，既不是城市中的精品酒店，也不是乡间别墅。设计师希望通过别苑打造一种不同于城市的别样生活。别苑建筑拥有野性的气质，也可以说是农舍感。室内不另做装修，而是直接暴露材料，打造出可控的“粗野”感，地面的水磨石和暴露出来的结构构件，都进一步强化了这种感觉。人居于其间，可以享受到回归自然的放松。别苑的特殊气质，能够吸引更多渴望乡野气息的客人来到乡村，在享受田园生活的同时，也间接促进了乡村的发展。

11

12

中国江苏省苏州市吴中区

Wuzhong District, Suzhou City, Jiangsu Province, China

乡根·东林渡民宿

XiangGen Farm Resort

- 项目面积
  1500 平方米 (1500 square meters)
- 建筑设计
  李豪 (Li Hao) / 一本造建筑设计工作室 (One Take Architects)
- 艺术设计
  艾松 (Ai Song)
- 摄影
  康伟 (Kang Wei)

01

诗意与自然

乡根 · 东林渡民宿位于苏州市吴中区横泾街道，临近太湖，生态良好，环境优美，是传统的江南水乡。从苏州城出发，一路向南，奔向烟波浩渺的太湖，穿越逶迤的乡间小路，乡根 · 东林渡就坐落在这水道纵横的乡村田野之间。

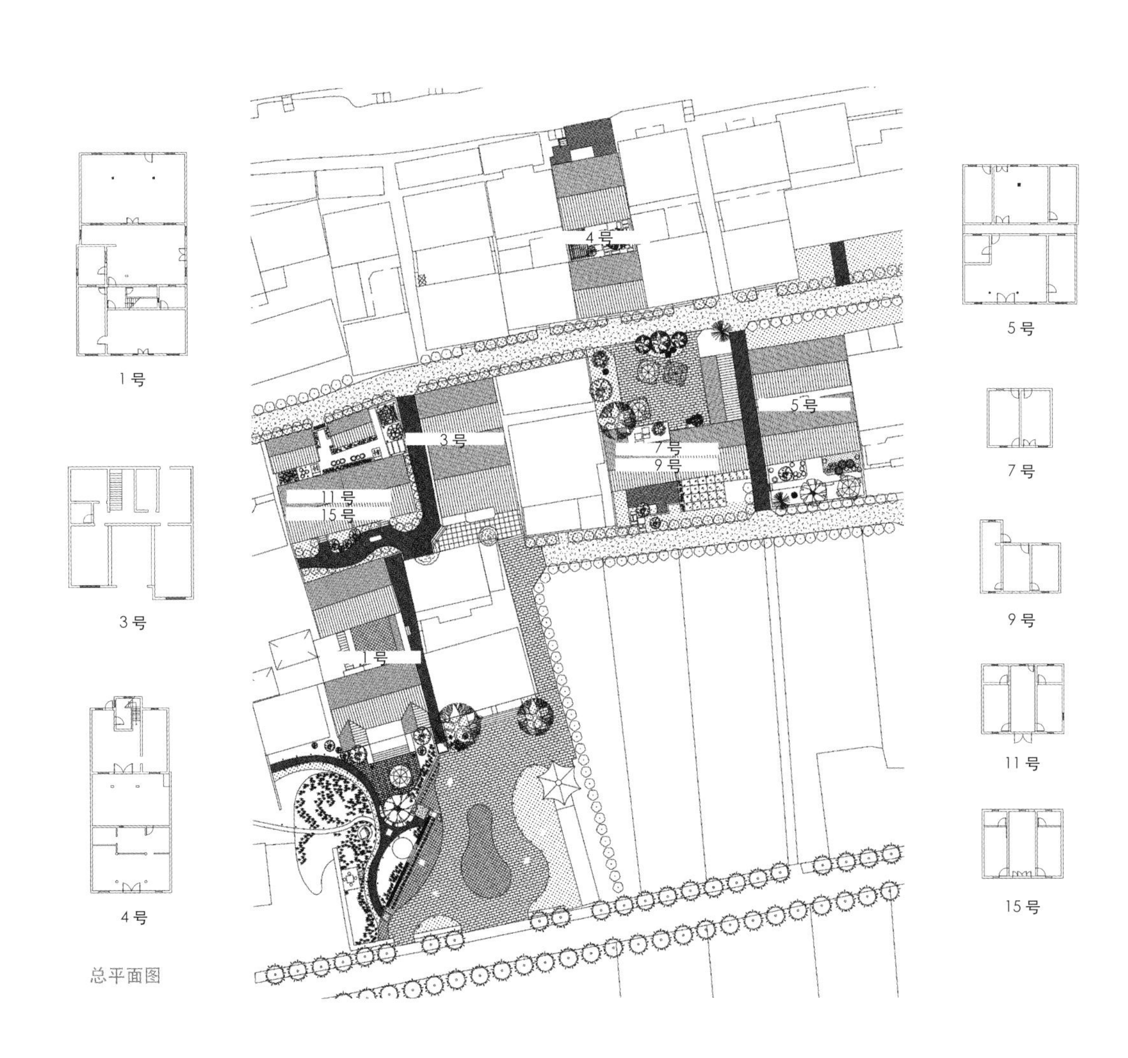

总平面图

原宅与改变　“乡根 · 东林渡”是业主新打造的民宿品牌，业主委任设计团队对民宿进行设计建设，并提出针对当地乡村产业的复合解决方案。项目基地位于村落的南侧，面向广袤的稻田，视野开阔。周边的房子新旧并存，既有朴拙的老房子，也有贴满白瓷砖的两层小楼。

理念与实现　本着严谨的工作态度，设计团队首先对东林渡村进行了调研，正是这次调研，使设计团队看到了隐藏在民宿原宅破败表象下的巨大改造潜力。

民宿区的整体规划充分考虑了客人的心理。接待中心原有的三层民宅和南侧的停车场被整合设计，建起了一面影壁墙，以此强调民宿品牌的视觉核心。在空间上，设计团队将停车广场分为两部分——内庭和外院，原本能够长驱直入的接待中心被安排在胡同深处的入口。经过胡同、入口和内庭，从建筑内部返回广场，原本简单的室内外关系被重新安排，形成四个“一步一景”的公共空间序列，打造成为东林渡村的次中心。

01 / 村庄与太湖之间，稻田绵延

02 / 新建的影壁墙强调了东林渡品牌的视觉核心

03 / 古河道中的木船被打捞上来，处理后成为院落的景观花台

04

04 / 新建院落的浅水池对民宿大堂与房间进行视线与功能上的分隔，保证房间的私密性

05 / 原建筑的厨房灶台被改造成青年旅舍的内院花台

06 / 院落里的瓦罐是与周围的村民以物易物置换而来

改造之前的村落建筑新旧混杂，既有朴拙的老瓦房，也有新建的两层小楼

05

06

民宿原址上是几幢破旧的危房，设计师们尽量保留了原宅朴素的结构，对民宿的功能再造也以实用性为主。其中改造后作为青年旅舍的部分，前身是两座南北前后紧密相连的房屋，中间只有不到 1 米的缝隙。设计师将南侧局部挖空，将原本的厨房部分改在室外，遗留下来的老灶台则改造为旅舍内院的景观台，而原有的不到 1 米的缝隙被改造成了半开放的景观内院。

07

08

09

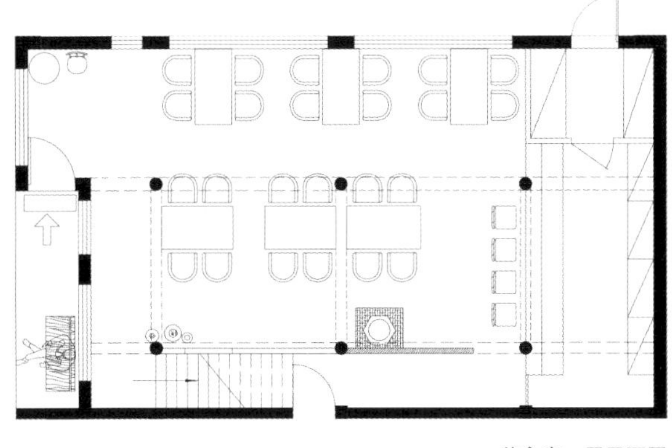

茶食室一层平面图

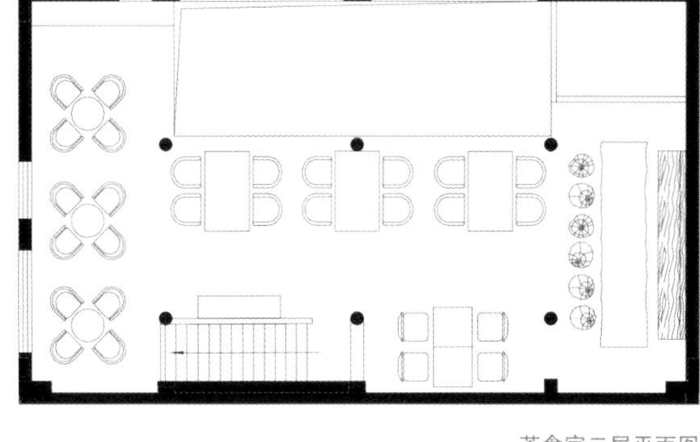

茶食室二层平面图

07 / 大堂的壁炉由村落河道里废弃的水泥船改造而成

08 / 壁炉的背面设计成书架

09 / 茶食室一层为十分古朴的江南民居风格

10 / 茶食室采用了偏心式的抬梁式结构，在村落建筑限高内让渡出了明亮的一层大堂，也保证了二层空间拥有令人舒适的层高

11 / 屋顶天窗为二层空间带来明亮柔和的天光

10

11

在与当地工匠的合作中，设计师们设计出了一些独特的设计细节。他们从当地的河道中打捞出了一艘6米长的水泥船，打造成接待中心大厅内的壁炉，一方面纪念本地的村落传统，同时也有效地起到了保暖除湿的作用；前厅用农具打造出一面农具墙，散发出江南水乡的乡土气息；而餐厅里的地板也由回收的老木头制成，细细打磨光滑；“苏州码子”是一种古老的计数符号，其独特的抽象形式被设计师们重新挖掘出来，应用于每个院子的铺地纹样；设计团队还与当地工匠一同制作香樟木书架、旧瓦片皂台，以及利用老门板作为材料打造桌椅……这些形式丰富、用心巧妙、取材于当地的设计在东林渡民宿中随处可见。

12

13

12 / 汉式茶道房

13 / 青年旅舍中，老木板、铁链与麻绳带来了“船舱”的意象

14 / 四个小帐篷悬浮在稻田之上，在高度带来的安全感与恐慌感之间寻找微妙的平衡

15 / 装置中间搭建了一个集露器，收集秋日繁盛的露水

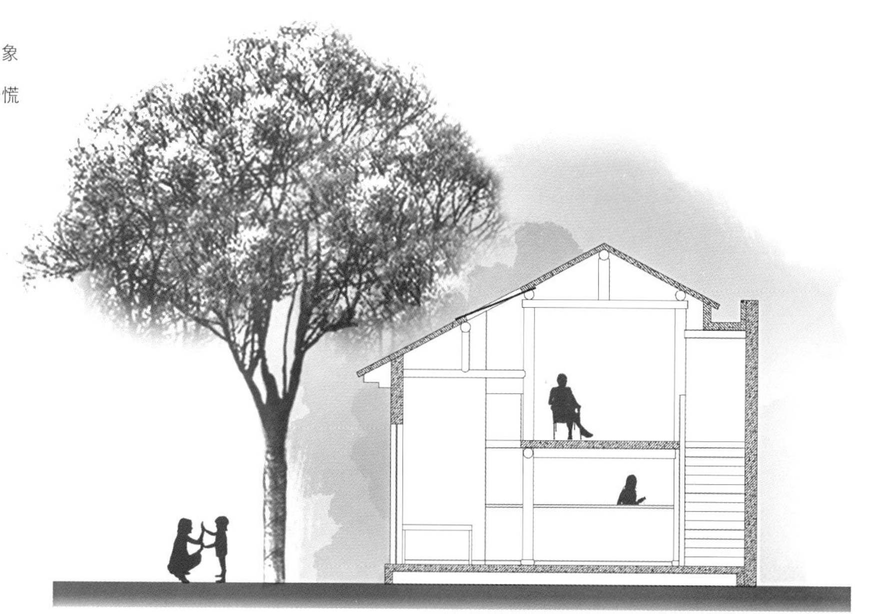

茶食室剖面图

14

15

在东林渡民宿项目的设计过程中，设计师们最为关注的，是对于“睡眠”的思考。这与村子宁静安逸的氛围有关，也是设计师们贯穿整个项目的设计重心。为此，设计团队专门制作了水上漂浮的“睡眠空间”装置，并将睡眠从一个单纯行为扩展为一系列的“仪式”。借助这个小小的临时性装置，设计师们将对睡眠与空间的思考深入了一步，也希望它能够成为一颗种子，在东林渡的土地上生根发芽，令这里成为一系列艺术项目的开始。

在民宿工作告一段落后，在改建项目中使用过的脚手架被拆借过来，继续为睡眠空间服务，二次搭建延伸了关于民宿的记忆。4个小帐篷悬浮在稻田之上，在高度带来的安全感与恐慌感之间寻找微妙的平衡。“门”开向内庭，获得群居中的安全感；“窗”面向稻田，仿佛又成了稻田中的孤岛。

乡建与情怀

民宿的建设，其实相当于在乡村中置入了一个全新的产业，设计师们对东林渡和周边村落进行了详细的走访调研，结合乡村的空间属性和社会属性，不仅收集了大量乡村基础建设的第一手资料，还与当地村民进行了大量深入沟通，了解他们对家乡的情感、对传统文化的认识，以及对生活的基本态度与向往。乡村生活就像是一把标尺，时刻提醒人们心中的田园梦。随着民宿建筑的落成，在这个太湖畔的小小村落里，改变正在慢慢发生。

中国浙江省湖州市长兴县和平镇
Heping Town, Changxing County, Huzhou City, Zhejiang Province, China

ANADU 民宿
ANADU Resort

- 项目面积
  1200 平方米 (1200 square meters)
- 设计
  八荒设计 (Studio 8)
- 摄影
  张大齐 (Zhang Daqi)

01

诗意与自然 ANADU 民宿位于浙江省湖州市莫干山脉北麓，坡地院落占地 30 000 平方米，东瞰琛碛村，南眺凤凰山和大岗山，西临白茶山坡，北有竹林环绕。

融入与改变 八荒设计在 ANADU 民宿项目中承担了建筑工作和室内设计工作。业主方希望为入住的客人提供身处自然的、宁静的度假体验，因此，保持当地的人文特色和自然氛围成为整个项目的重点。

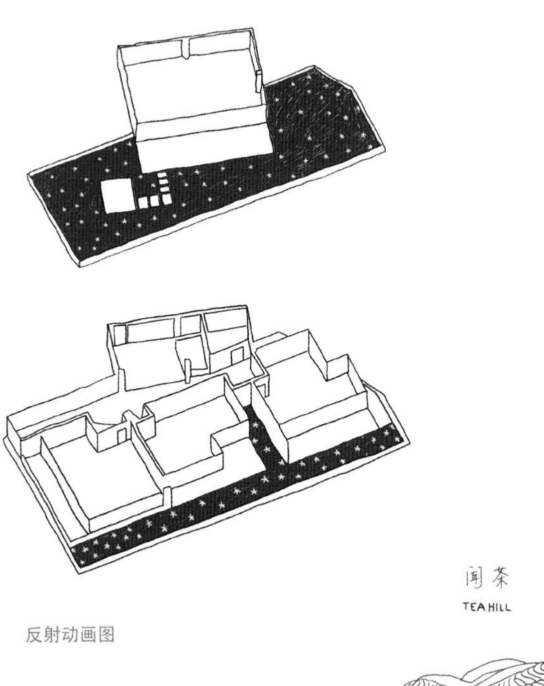
反射动画图

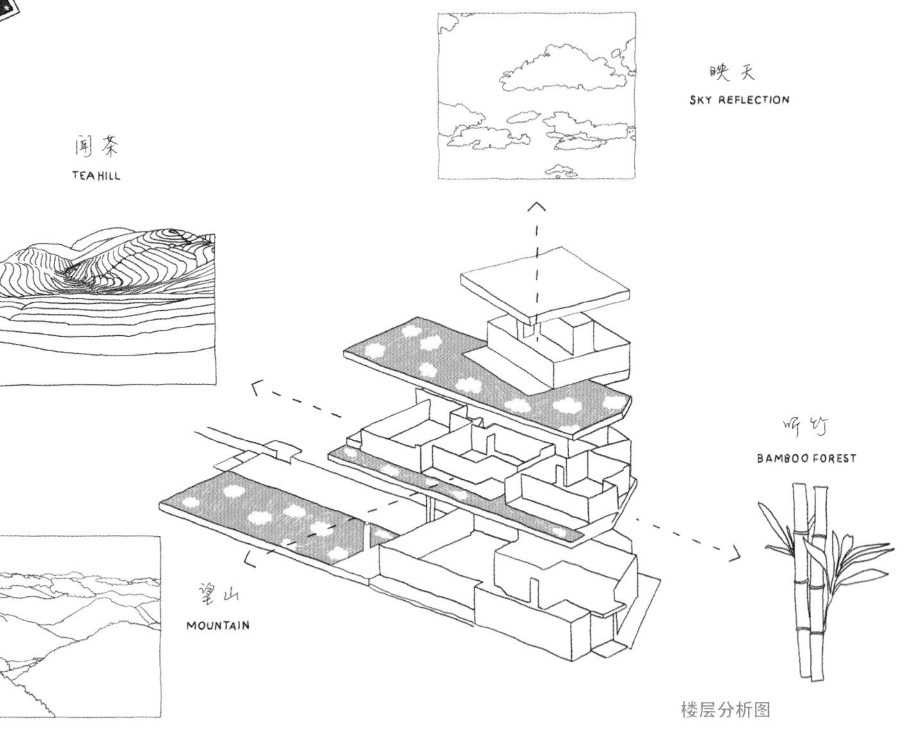

楼层分析图

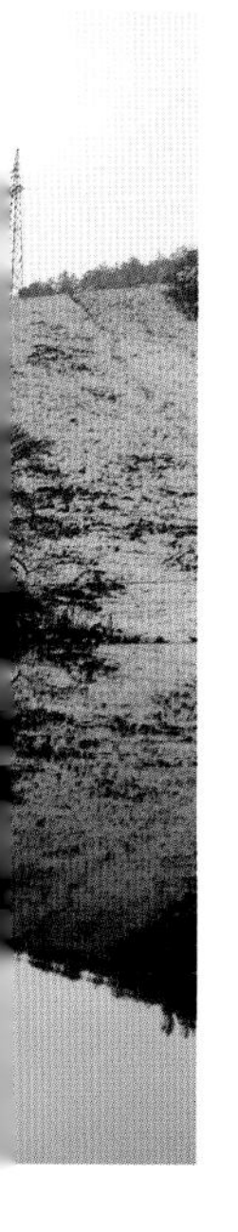

01 / 民宿周边的自然环境

02 / 夜幕下的建筑外观

03 / 游泳池

于是，在建筑与空间的设计中，周边大量自然元素被运用到了 ANADU 民宿之中，从建筑材料到设计元素，甚至食材，都最大程度地充分利用了当地资源。实现了设计团队提出的概念："与自然相处，与自我对话"，这也与 ANADU 民宿的核心经营理念相符——在自然中找到自我。

04 / 游泳池

05 / 灯光照耀下的吧台

06 / 休息区

07 / 一层会议空间

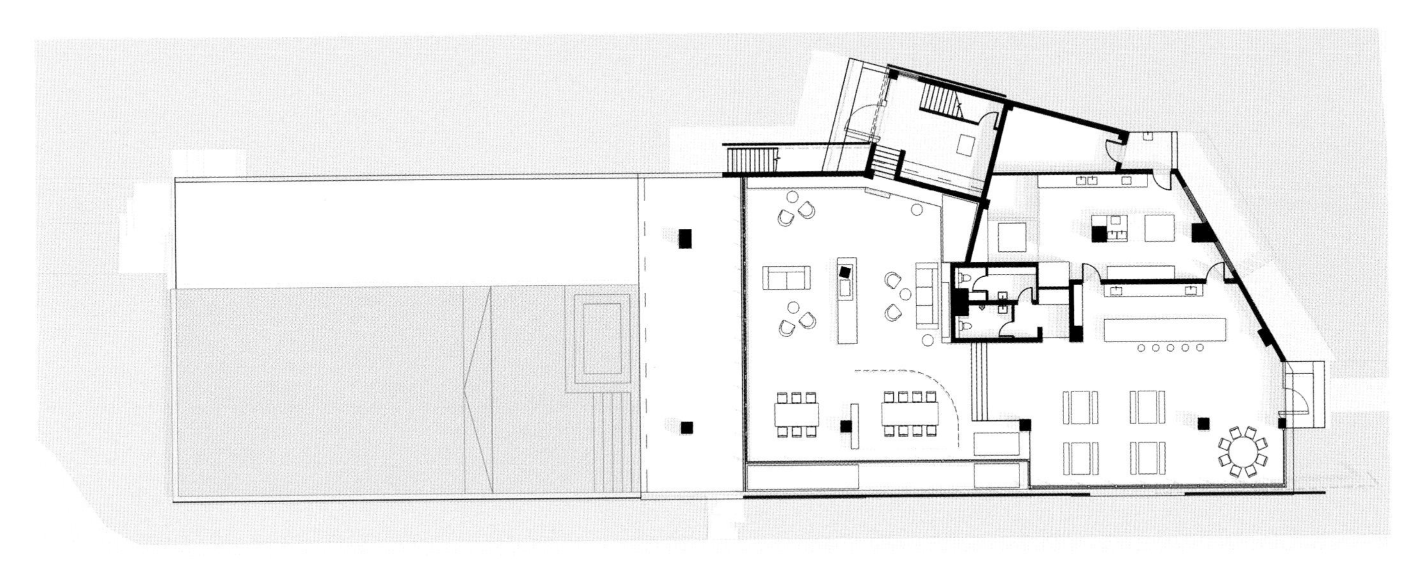

一层平面图

理念与实现 ANADU民宿周边自然景观丰富而别致：西面有葱绿且肌理独特的白茶坡，北面有连绵叠嶂的远山，东面有茂密深幽、随风摇曳的竹林。但设计师注意到，周边缺少了“水”的元素。水，尤其是平静的水面，能让人心旷神怡。ANADU民宿希望能够为客人提供“一个能够让人发呆一天不想出门的房间”。除了自然风景，一个能让人亲近水的空间，将为客人制造出另一个象限的“境”。水同茶、水同山、水同竹的结合，不但拉近了人与水的距离，同时也建立了建筑空间与自然元素的连接，除了构筑风景，更营造了心境，真正让人“在自然中找到自我”。

06

07

08

09

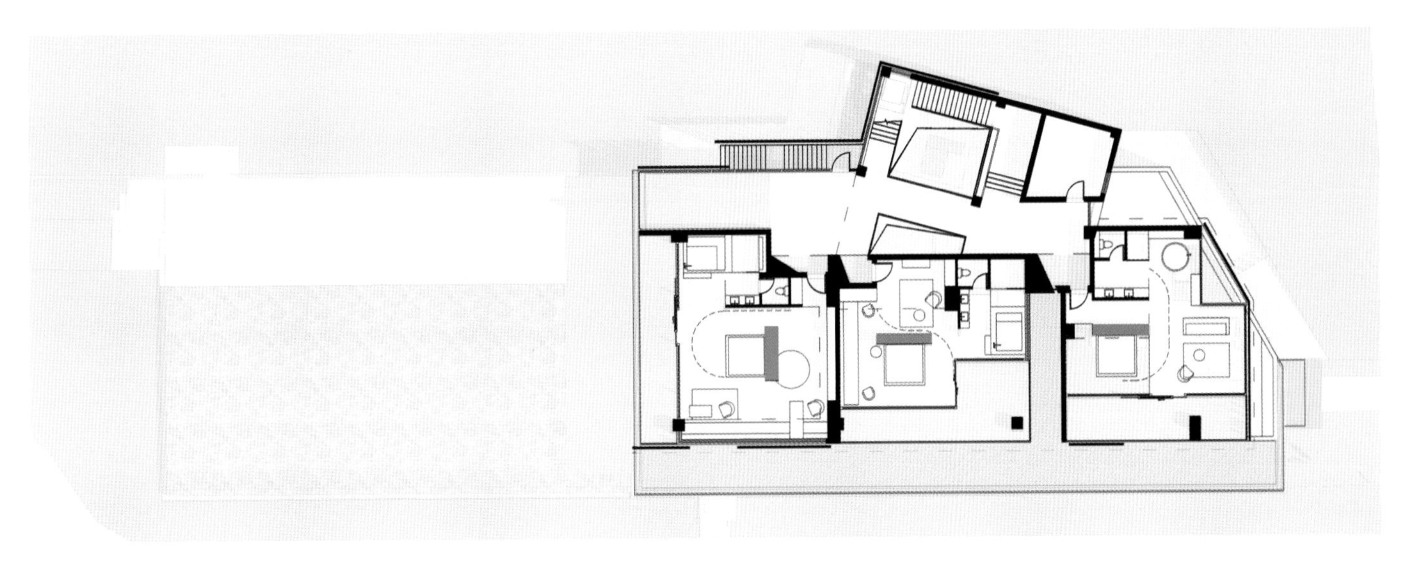

二层平面图

08 / 前台区域

09 / 冬季的二层无边界水景

10 / 位于二层的“听竹”客房

11 / 位于二层的“闻茶”客房

设计初始，设计师并没有从建筑本身的形态出发，因为设计师认为空间的使用者与自然的关系才是设计的关键。三层建筑均设有无边亲水台：一层的泳池、二层南面阳台的无边界水景、三层整层屋面的无边界水景，每一层都有独特的景致，一层比一层令人意外。每个房间都根据周边自然环境的朝向设置，结合水景，创造独一无二的自然故事：

闻茶——面向白茶坡和底楼泳池，南面茶歇区外的屋面水景在阳光的照射下，粼粼波光投射在天花板上。材料和软装选用与茶主题相呼应的青绿色。

望山——面向正南面的远山，设计有内河，可以在两面环水的半开放平台遥望远山。材料选用与山石主题相配的黑灰色和自然石材。

听竹——东临竹海，房间的东面平台绿植环绕，南面阳台连接无边界水景。房间内饰采用米粉色及各种竹制品和丝制品。

12 / 临近书柜的休息区

13 / 夏季的二层无边界水景

14 / 三层无边界水景

映天——位于三楼，也是顶楼唯一的客房。一进门，就能见到北边的一束天光，在东南朝向 270° 展开，可以将茶、山、竹的景致尽收眼底。不仅如此，设计团队还将三层的屋面建成了无边界水景，把天空的景色收入水中，亲水平台让客人能够置身水中央，感受仿佛来自另一个维度的自然和自我之间的秘境。

立面图

三层平面图

每个房间都只有两面围合，用一个简单的L形，一面营造“和自己相处”的私密性，一面打开“和自然对话”的可能。同时，L形也成了ANADU民宿视觉识别的符号。闻茶、望山、听竹、映天等房间，都有自己专属的图形符号。

乡建与情怀

经过设计团队的精心打造，每个房间在各自空间与环境的配合上都有独特之处。在ANADU民宿，能够为客人提供一种身处自然、忘却世俗的住宿体验，使客人能够融入自然之中，暂时忘记城市的喧嚣。

中国北京市昌平区
Changping District, Beijing, China

后院驿站精品民宿

The Rare Yard

- 项目面积
  340 平方米 (340 square meters)
- 设计公司
  CCDI 悉智室内设计 (CCDI Grand Wisdom Interior Design)
- 主持设计师
  李秩宇 (Li Zhiyu)
- 项目策划
  张鹏 (Zhang Peng)，许文峰 (Xu Wenfeng)
- 摄影
  鲁飞 (Lu Fei)，任恩彬 (Ren Enbin)，张可嘉 (Zhang Kejia)

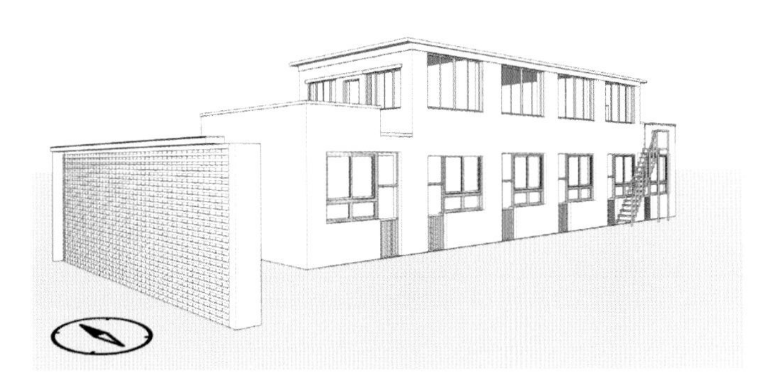

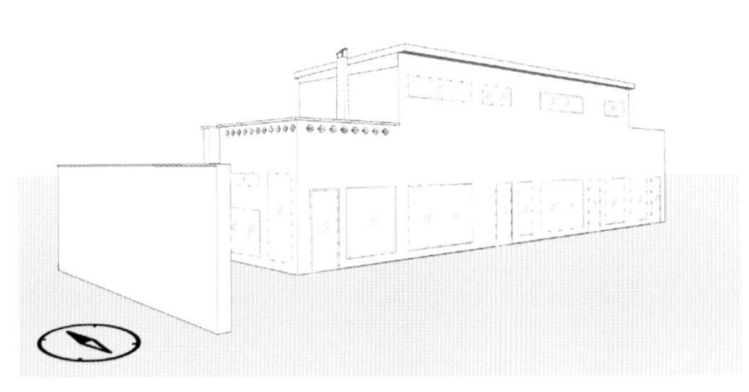

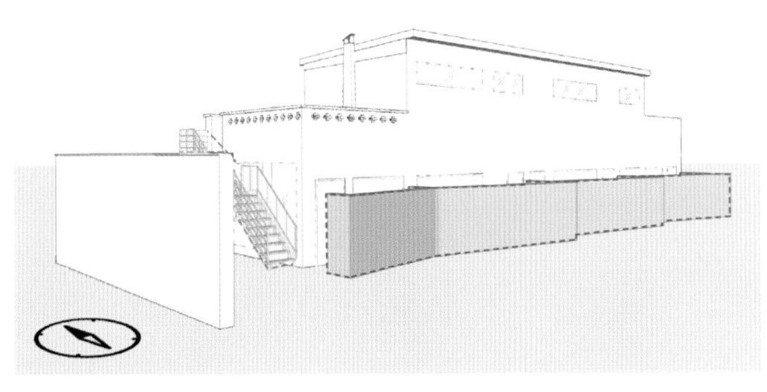

建筑改造过程

01

诗意与自然 后院驿站精品民宿位于北京昌平区后白虎涧村，地处整个村落的最南侧，紧邻乡道。村子西靠太行山余脉，东临京密引水渠，依山傍水，属京郊典型的山前暖带地区，村内有被誉为“北京后花园”的白虎涧自然风景区。民宿周围群山环绕，自然环境宜人。

原宅与改变 民宿原建筑是一栋坐南朝北的两层建筑，属于 20 世纪 80 年代典型的红砖结构。因长年无人打理，最终设计师面对的，是一个红砖与钢结构结合的、杂乱无序的建筑形态。原建筑一层为 6 间员工宿舍，每间宿舍面积为 17 平方米，南侧没有采光，房间内阴暗潮湿；二层东西各有一个露台，中间为木门与木雕展厅，一层和二层由一个外挂钢制楼梯相连。因本项目是定位于“微度假”概念的精品民宿，所以，如何平衡周边村落的生态环境，在增加房间采光量的同时保证其私密性，提升客房的舒适度，成为整个设计改造中的重点。

改造前建筑原貌

01 / 建筑外貌

理念与实现 在建筑的设计改造中，“本土主义”的设计理念贯穿始终。为了融入周边环境，设计师保留了建筑原有的结构。由于室外有一条乡道经过，因此设计师根据人站立时的视线高度，在南侧墙体视线以上区域开镀膜玻璃高窗，既隔绝了室外乡道人流对室内环境的干扰，又最大限度地引入了光线。与此同时，近处绿树的姿态、远处西山的景色，也被悉数纳入窗内。

立面图

02

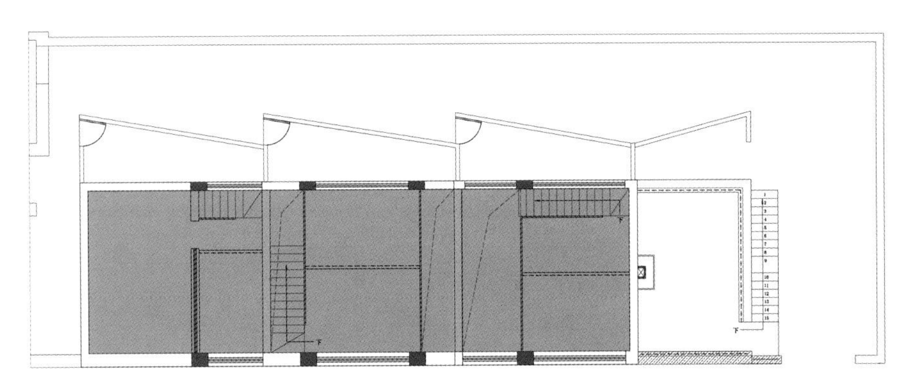
改造后平面构造

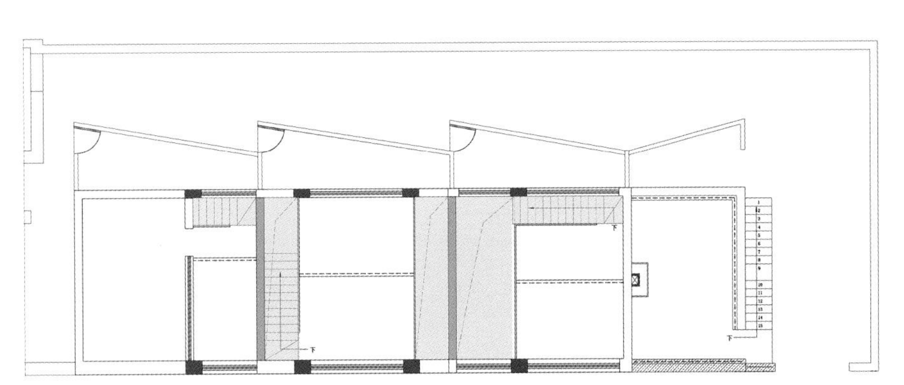
LOFT 挑空区域

02 / 建筑外貌

03 / 设计保留了原有建筑的红砖结构

04 / 大面积立面开窗与入户花园的设置，既营造窗景又保证私密性

公共区域堆放了近千块闲置的北京西山花岗岩，处理起来费时费力，在衡量了建筑与周边环境的关系之后，设计师决定因地制宜，利用原花岗岩原料堆放成“山”，砂石回填为“水”，在建筑外围搭建起自然水系，增添几分禅意。建筑北侧的设计也极尽考究，为了打造良好的视觉效果，每户一层均设置大面积玻璃幕开窗，加建 8 平方米入户花园，在打造窗景的同时，又保证了每个房间的私密性，为客人带来独特的客房体验。

05

06

07

05 / 充满复古元素的厅堂

06 / 客房“前白”的一层

07 / 通过楼梯可通往客房“前白”的二层

08 / 位于二层的“前白”客房

09 / 由花岗原石打磨而成的洗手池

室内改造前原貌

08

09

考虑到房间的舒适度与完整性，设计师对一层原有的6间房间重新进行了规划。东侧第一间被设置为民宿的厅堂，连同东侧二层露台一起，兼具接待、娱乐、用餐等功能。其余5间房屋被重新划分成3间客房，拆除了部分楼板，将楼上楼下打通，形成了3间LOFT型客房，可满足一个三至四口人的家庭入住。

从东向西的几间客房分别叫作“无白”“前白”“后白”。

卧室被统一设置在二层，活动空间与休息空间上下分隔，互不干扰。所有户型的飘窗都可以打开，与二层的屋面花园内外互联。阳台上特意用红砖砌筑了长榻，晚间可坐于榻上，品茶观星、把酒夜话。在室内屋面的处理上，设计师将原建筑拆除下来的老房梁重新利用，覆以芦苇，再巧妙地用灯带描绘出房梁的形状，渲染空间氛围。床头背板由整块原木切片加工制成，显得古朴自然。

在室内细节的设计上，设计师刻意让电、水、暖管线全部裸露为明线，保留材料本身的质感与属性；橱柜门板用镀锌钢板基层材质制作而成，显得摩登而质朴。所有客房的洗手盆均采用北京西山花岗岩石打磨制作，楼梯上悬挂的吊灯由西山林地的木段掏制而成，门牌则是由老房拆除下来的瓦片打造的，既体现出了京郊合院的特色，又为老材料赋予了新的功能用途。

10 / 客房“无白”的一层

11 / 东侧二层露台

12 / 客房“后白”的床头细节

13 / 西山林场的木段被加工成楼梯上悬挂的吊灯

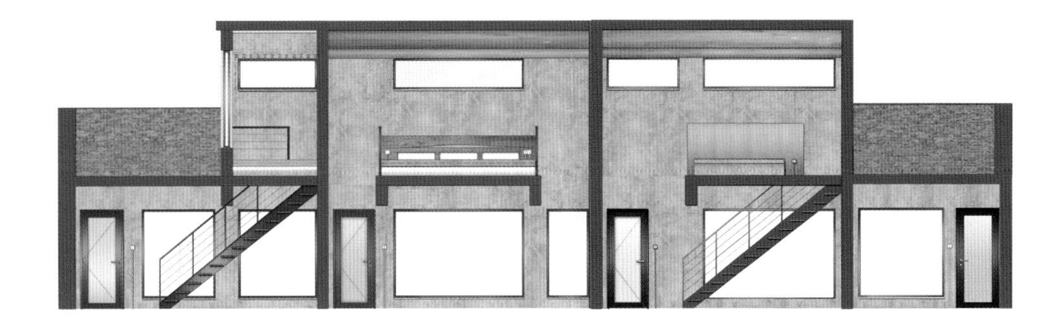

剖面图

11

12

13

不同于“无白”和“前白”南北朝向的床位设计，“后白”的床被摆置成东西朝向，躺在床上，便可直接透过飘窗欣赏到西山的景色，还能够尽情享受日落的自然景观。

在整个室内空间的设计上，无论是硬装还是软装，都尽可能地从周边环境中汲取灵感和用材，丰富空间内涵，最大程度地体现“本土主义”的设计立意。旧宅外堆放的近千块花岗岩被设计师反复利用，不仅打造了建筑外围的禅意小景，还铺就了入户景观步道，并用于室内空间中厅堂桌台、卫生间洗手台的制作。

乡建与情怀 旧屋改造既为原有建筑赋予了新生命，又激发了设计中无限的可能。在约束中寻求突破，在新旧之间找到平衡，乡村旧宅改造民宿的最大价值不只在于居住环境的改善，更多的是成为乡村与城市的纽带，向繁忙而浮躁的都市人群展示乡村生活，从而助力乡村发展，在这其中，设计的社会意义得以体现。

中国浙江省宁波市宁海县胡陈乡

Huchen Township, Ninghai County, Ningbo City, Zhejiang Province, China

九熹·大乐之野

LOSTVILLA Huchen Barn Resort

- 项目面积
  2630 平方米 (2630 square meters)
- 设计
  景会设计 (Ares Partners)
- 主创设计师
  汪莹 (Helen Wang)
- 摄影
  苏圣亮 (Su Shengliang)

01

诗意与自然 隐藏在群山环绕的宁海县胡陈乡里的九熹·大乐之野是由老粮站改造而成的精品民宿，这里曾经是当地热闹的粮食储藏和供应站，后来慢慢淡出并长期处于闲置状态，设计团队在 2015 年接受甲方的委托对老粮站进行全面改造设计。经过精心规划与设计，这个废弃的粮仓又重新回到了人们的日常生活中。

总平面图

02

改造前建筑原貌

01 / 民宿入口

02 / 民宿西立面实景

原宅与改变 原场地由一条 4.5 米宽的主通道连接前后两个庭院及围绕着庭院的 7 栋老房，设计师在尊重现有建筑肌理的前提下，调整和梳理空间格局。首先拆除了正对民宿入口大门的一栋两层高的砖房，这栋原始建筑阻隔了前后空间，阻挡了视线，随后在原址上新建了一栋局部两层高的建筑，并在其西南侧增加了一条 3 米宽的次通道，加强了前后场地在视觉及动线上的连贯性。

西立面图

南北向剖面图

其次，拆除了主通道与西侧草地之间的围墙，使建筑与整个场地及周围的山景融合更密切。在功能分布上，民宿的公共及辅助设施被安排在临近入口庭院的几栋老建筑中，新建建筑西侧的一栋老建筑改造后作为酒店的全日制餐厅，餐厅北面是新增加的泳池，泳池面向视野开阔的草地和远处的山景。设计师通过疏导、围合的手法，使场地的动线更流畅，空间组合疏密相间，让人在不同尺度的空间中游走体验。

改造后的大乐之野民宿由 7 栋建筑组成，其中 6 栋为改造建筑，1 栋为新建建筑。民宿共有 21 间客房，并配有全日制餐厅、游泳池、会议室、茶室等公共设施。原有的建筑是典型的粮仓建筑，窗户小且均高于地面 2.5 米以上，以通风为目的，不考虑采光功能。可以说，从储物空间转换成民宿客房空间，两个极端的功能转换成为此项目建筑与室内空间改造的一个挑战。

03 / 从 C 栋露台眺望民宿

04 / 改造后新增的次通道

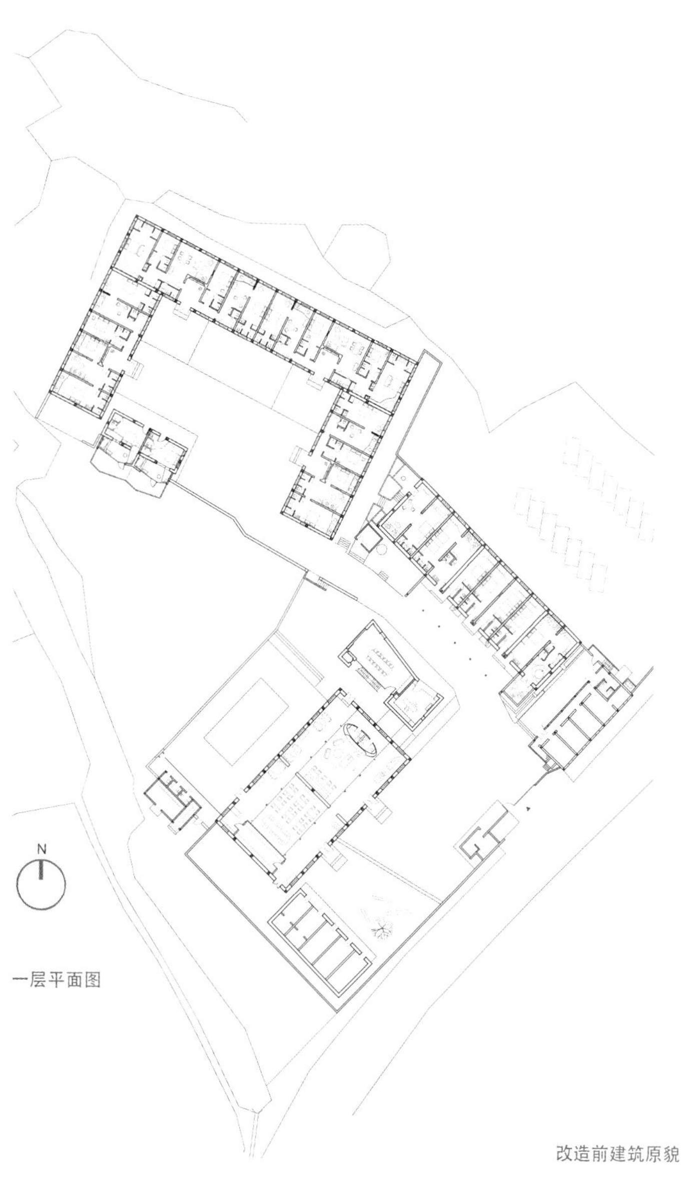

一层平面图

理念与实现 对于场地中 6 栋建筑的改造，设计师们保留了原有的结构体系。原始建筑自 2.5 米以下为毛石墙体，毛石上方是一圈约 30 厘米高的水泥压线，水泥以上为砖墙和支撑屋顶的结构柱。受限于原有的粮食储藏功能，窗户普遍偏小，室内光线很暗，因此在改造中，设计师们将所有高度在 2.5 米以上的窗户扩大，并按平面布局的需求，有节制、有选择地将部分窗户扩大，不仅在水平方向扩大，在纵向上也扩大至 2.5 米以下，增加了室内空间的舒适感。在外立面的处理上，设计师将毛石上厚厚的白色涂料去除，还原毛石的天然颜色，毛石以上的水泥轮廓保留白色涂料，在窗洞两边的砖墙上外挂深色的塑木墙板。去除涂料后，天然石材的建筑与远处的山体似乎融为一体。

在室内材料的运用上，设计师保持了一贯的朴素自然的风格，实木板、素面混凝土板、槽钢、乳胶漆、冷轧钢板有序结合使用，营造出平静温馨的室内氛围。

除了对 6 栋原有老建筑的改造之外，入口处作为接待及会务用途的是一栋新建建筑，设计师以抽象简洁的几何体回应了相邻的老建筑和远处的自然山景。建筑的一层南端为

改造前建筑原貌

05 / 改造后的建筑外立面

06 / 餐厅

民宿接待处，北端是会议室，二楼的北端为茶室，南端为户外露台。新建筑的高度由北向南逐渐从 7.1 米降低至 4.85 米，当人们站在民宿入口大门处时，北面和西北面的山景不会被建筑所遮挡。二楼的茶室在南北面都采用大面积的落地玻璃，透过玻璃，远处绵延起伏的山景隐隐可见。步入室内，透过落地玻璃大窗眺望远处一览无余的山景和近处的桃花林，如同来到了一个世外桃源。这栋建筑的东立面顺应场地，在接待与会议功能空间的分界处自然形成了一个围合空间，供人们停留交谈。正对民宿大门的南墙以封闭式墙体为主，唯一的竖向窄条窗有节制地控制着内外空间的对话，客人从室内通过窄条窗眺望远处层层叠叠的山景，恍如在看一幅山水画。

07 / 卫生间

08 – 11 / 客房

07

08

09

10

11

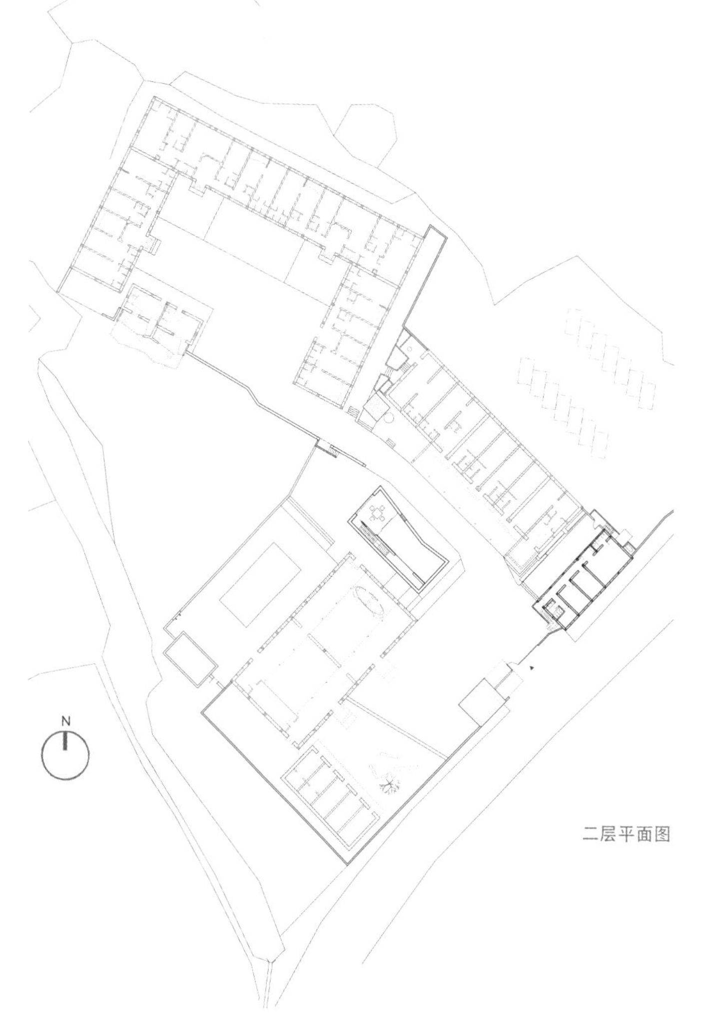

二层平面图

乡建与情怀

通过对老粮站的改造，不仅使其焕发了新的生机，得到了更好的利用，同时也促进了民宿所在地的经济发展。城市里的人们可以在假期时入住民宿，回忆儿时悠然的乡村生活，借以满足物质上和精神上的需求。

中国浙江省杭州市桐庐县

Tonglu County, Hangzhou City, Zhejiang Province, China

雷宅

LEI House

- 项目面积
  296 平方米 (296 square meters)
- 设计
  张雷联合建筑事务所 (AZL Architects)
- 摄影
  姚力 (Yao Li)，侯博文 (Hou Bowen)

01 / 融入基地场所的雷宅

02 / 建筑西北侧外观

03 / 前院正面

01

诗意与自然 桐庐县位于浙江省西北部，地处钱塘江中游，四季分明，日照充足，降水充沛。山的伟岸、石的气势、水的灵韵、林的秀色，构成了桐庐山水洞天、色彩斑斓的景致与诗画般的意境。雷宅的用地是山阴坞村中一处普通宅基地，面积为 200 平方米，背靠台地山坡，面向山谷和山阴坞水库大坝。

原宅与改变 在设计之初，业主对功能的诉求为翻建自用住宅，兼顾作为民宿接待的可能。本项目地块的建筑布局完全沿用村落的基本排列方式，面向南侧的村庄主路和对面的山谷。在改造完成之后，一座三层建筑布置在用地北侧，形态方正，与两侧邻居的房子轮廓保持统一。只有在走近之后，才能从镂空围墙和屋顶棚架上看到各种精心配置栽种的蔬菜花草。

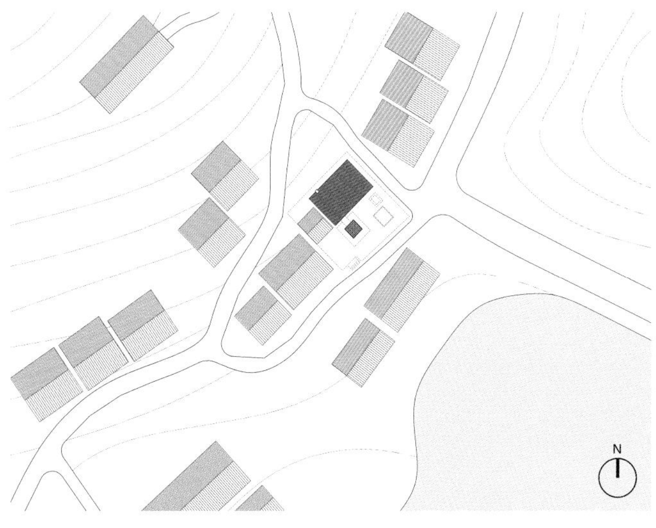

总平面图

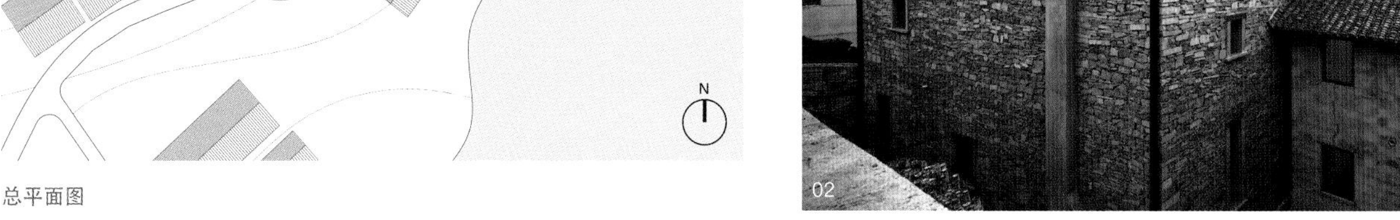

02

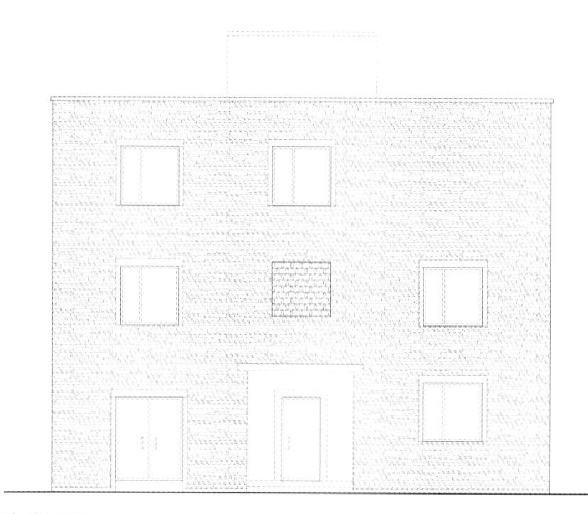

南立面图

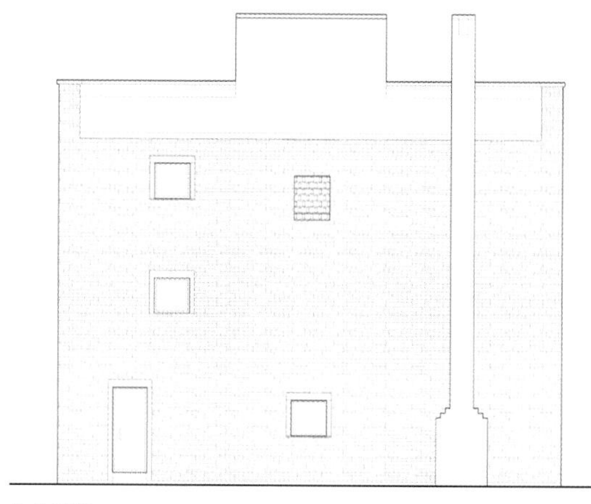

北立面图

04

05

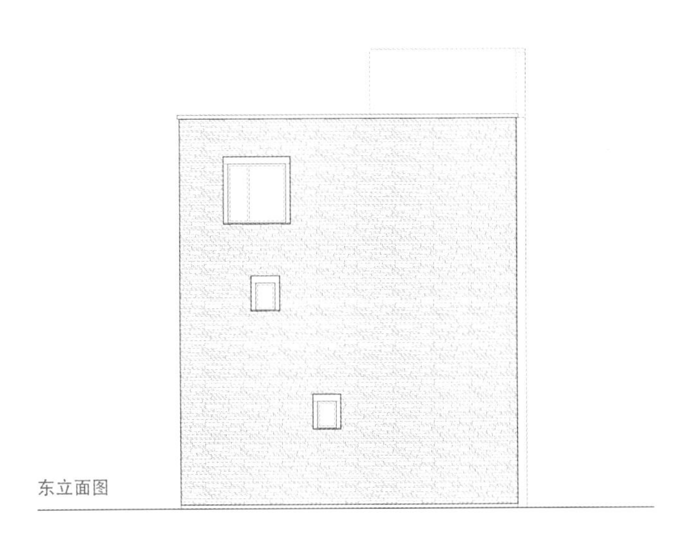
东立面图

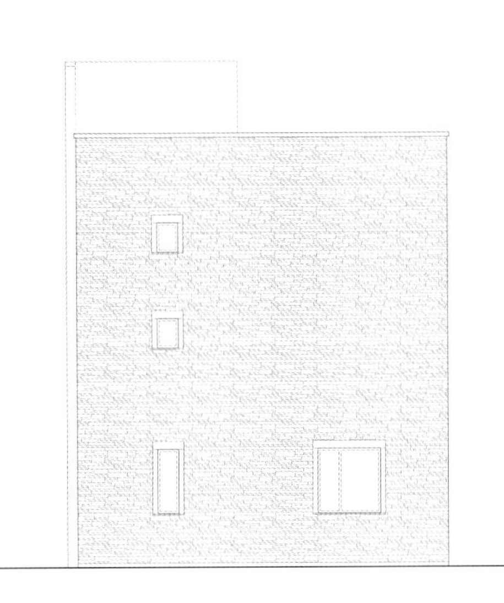
西立面图

理念与实现 雷宅的建设遵从当地的传统和现实，但并非是简单固定的复制，设计师在建筑上的差异性表达低调而内敛。建筑采用了当地工匠最为娴熟的砖混结构，三开间三层高度、直上直下的体量和有节制的开窗，加上异常紧凑的内部空间，几乎可以追溯至当地农宅久远的夯土房原型。其基本格局和材料施工的便利性，直接来自当地普通民宅的建造经验，而在村中略显突兀的片状毛石砌筑墙，也是建筑师借助了附近采石场近乎免费的边角废料供应，以及当地工匠现成石工技艺的产物。用石材提高外墙保温性能，为业主带来安全感和归属感兼具的厚重城堡，并没有额外花费太多。

住宅外立面采用干砌片石的做法，同样反映了现代与传统、城市与乡村的产业互动关系。青色的片石取材于附近一处石材加工厂的边角废料（村中生产的石材用于装点城市的建筑、道路和广场），除了运输的费用，没有其他成本。而干砌的做法，是对当地畲族的原生干砌石墙、堤坝挡墙做法的延续。屋主的父亲，一位独臂老人参与了石墙砌筑，建造的过程让房主、地方工匠和建筑师一起体会到愉悦与自豪。石材边角料在雷宅的成功运用，导致周边石材加工厂“边角废料”的价格开始上涨，之前为城市建设提供产品的乡镇加工厂，借此在本地发现了更多的机会。

04 / 正立面实景

05 / 实体与透明

06 / 3D 打印茶亭

07 / 3D 打印茶亭夜景

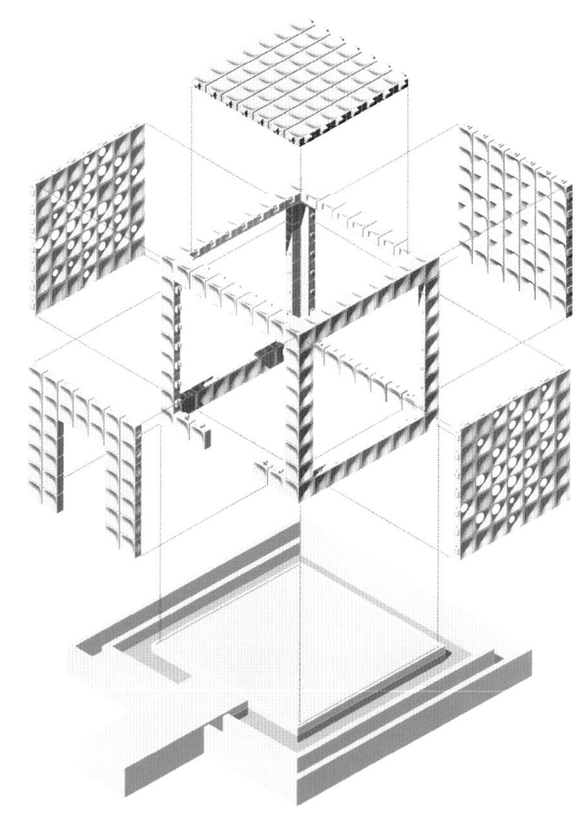

亭子分解图

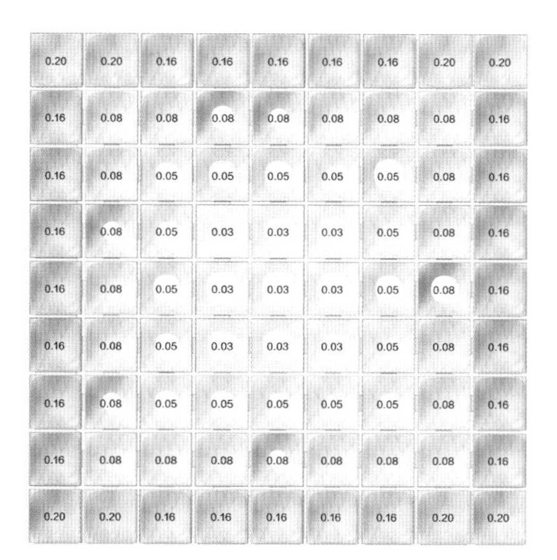

亭子立面分析图

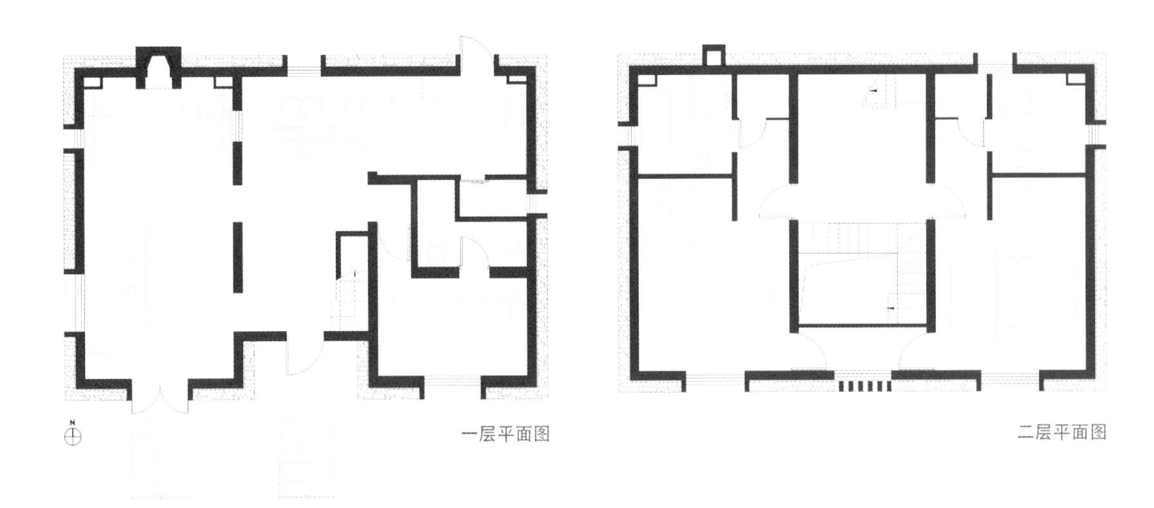

08 / 入口门厅

09 / 室内公共空间

10 / 从入口看向卧室

11 / 卧室内部

除了让地方工匠大展石工手艺的片状毛石外墙，内部空间的高效利用以及砖混结构对于外墙洞口尺度的限制强化了建筑的城堡特征，房子内部不断变化位置和走向的楼梯，

08

09

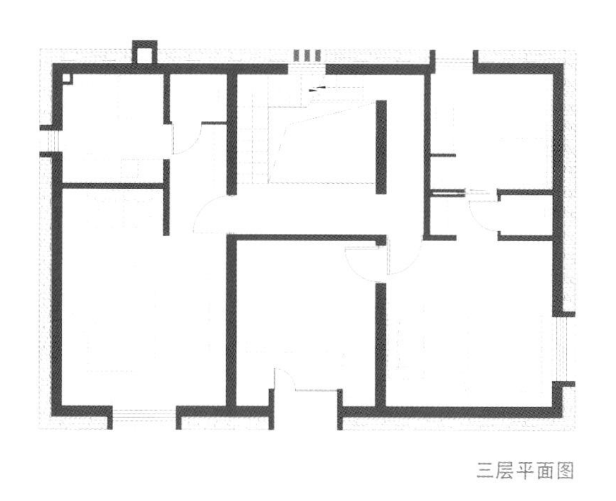

三层平面图

流畅地串联了各个楼层的功能空间，并疏导来自顶部和侧向的自然光，让前来参观的邻里好友充满好奇，不断感受“一样又不一样、熟悉又陌生”的错觉。

带有包豪斯风格的竹编吊灯出自村里一位娴熟的竹编工匠之手，是雷女士和工匠反复研究试验的结果，满足了室内公共空间和居室照明的需要。

乡建与情怀

相对于近三十年来城市的大发展，以传统农业为根基的广大乡村，仍然延续着以“没有建筑师的建筑”为主体的乡土聚落特征，呈现一种处于传统社会背景下文化自觉的原生秩序，而这种自发的状态正在遭遇再发展的瓶颈和城乡文明的冲突。设计团队此次在山阴坞村实践的区域环境，正是这一系列现实图景的集中体现：作为远离城市的远郊乡村，得以保持自身的独立性和特殊性；经济、文化和生态环境条件一般，再发展意愿强烈，但内在驱动力不足。民宿主是一位成功打造了民宿品牌的经营者，正迫切需要通过这样一个项目来展示一种有别于城乡对峙的全新的价值观，寻求乡村经济发展和环境改善的样板——这同样应该是村民期望看到的乡村发展的新机遇。

中国浙江省湖州市德清县莫干山
Mogan Mountain, Deqing County, Huzhou City, Zhejiang Province, China

塔莎杜朵民宿
Tasha Tudor Homestay

- 项目面积
  1300 平方米 (1300 square meters)
- 设计公司
  杭州时上建筑空间设计事务所 (ATDESIGN)
- 摄影
  叶松 (Ye Song)

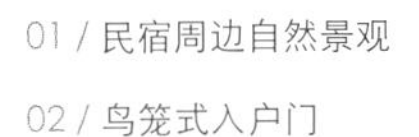

01 / 民宿周边自然景观

02 / 鸟笼式入户门

诗意与自然 “慢生活”是最近颇为流行的一种生活方式，在远离喧嚣的都市中，湖州莫干山上，一间充满“塔莎奶奶”风情的民宿正在孕育。这里被群山围绕，让人仿佛置身童话森林一般。漫山遍野的绿，令人心旷神怡。

原宅与改变 塔莎杜朵民宿由当地一间普通农房改建而来，设计师打破了固有的规则结构，在大面积留白的墙体上开出一个个错落有致的小窗，因地制宜，结合四周一望无际的绿色有机农场，透过大开窗的设计将绿色映入室内，无处不体现着共存与生态。设计师对塔莎杜朵的理解就是：“无需过多语言，一切变得简单又不简单。”

理念与实现 设计师保留了原始的瓦片屋顶与横梁，外墙刷上一层大地色的涂料，置身于周围一片绿色盎然中，显得愈发温柔、沉静。自然是设计的出发点，设计师在庭院的一角布置了一片枯山水和休息区，以静制动，将空间利用到极致。另一边则种着原始的芭蕉叶，设计成台阶式的座椅，在此休憩，人与自然做伴，妙趣横生。人们常常说生活需要点仪式感，在塔莎杜朵便足以体验到仪式感的另一种定义，它不是庄严、沉默，而是充满温度与生气。鸟笼式入户门设计颇有意趣，设计师将小小的鸟笼放大，巨大的鸟笼像是一件装置作品，引领远道而来的客人进入另外一片天地。每当春天来临，鸟笼四周开满蔷薇花，一切显得生机勃勃，富有诗意。

改造前的建筑外观及室内

03 / 建筑外观

04 / 建筑的开窗设计

05 / 庭院休息区

06

07

08

06 / 游泳池及周边休息区

07 / 庭院休息区

08 / 下沉式前厅

09 / 前台

10 / 绿意盎然的休闲区

09

10

汀步式走道设计。设计师在庭院中间的景观水池间设置了一条步道，意在放缓行人的脚步，让客人伴着涓涓的水流声，感受最纯粹的自然风情。

入户“木盒子”设计。进入室内之前，客人需要经过一个“木盒子”，拾级而上，迎面而来的便是满眼的绿色植物。巧妙地将人、物、空间相融合，使空间不再单调而是相互关联，处处体现着设计师的思考。

步入室内，设计师将空间做了动静分区，一层原本的房间被全部打通，变成了全开放共享的空间，并做了下沉式设计，将空间聚焦于此。冬天可以感受火炉带来的温暖，透过拱形的大玻璃眺望远方的优美风景，享受慵懒自在的时光，墙体与火炉的穿插式设计提升了空间的趣味性。另一边放置着木桌与坐垫，周围植物环绕，仿佛置身于大森林中。设计师希望室内是安静而简单的，能够更多地享受户外的自然，营造“塔莎奶奶”式的被植物围绕的自在空间。房间的设计将白墙与木质材料相结合，将空间变得自然纯粹，配以现代而简约的装饰，以黄铜家具为点缀，显示出低调与雅致的风格，提升室内的整体气质。

11

12

11 / 餐厅

12 / 前厅休息区

13 / 客房卫生间

14 / SPA 区

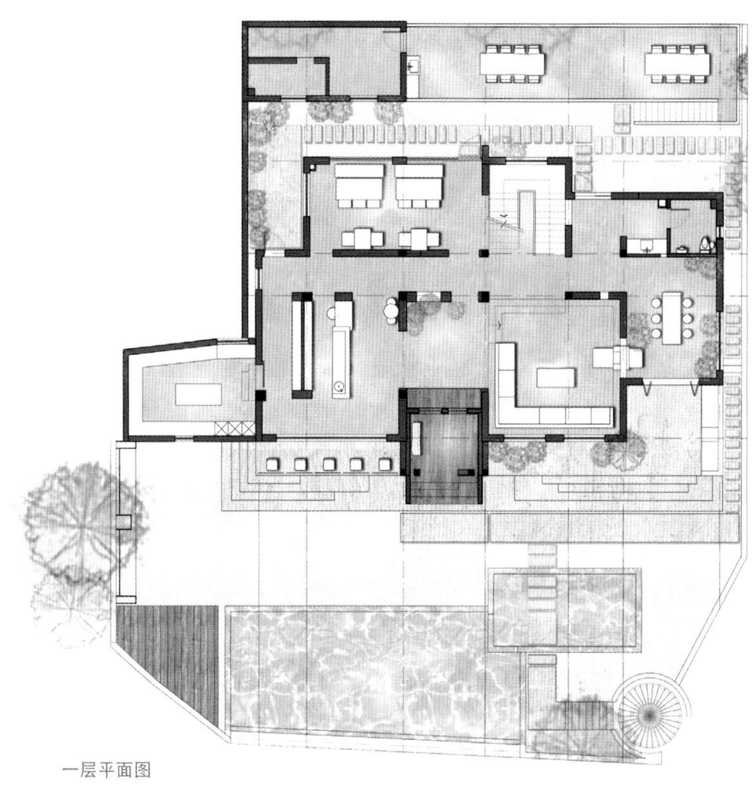

一层平面图

SPA 区的设计也别具一格，通透的大块玻璃幕墙将四周大片竹林风景引入室内，雅致的江南风情在这里被刻意强调并凸显出来，自然环境与空间相结合，万物归一，体现出对生活本质的向往。

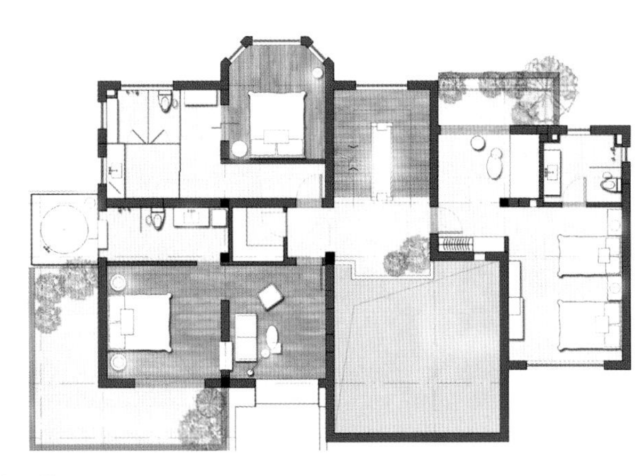
二层平面图

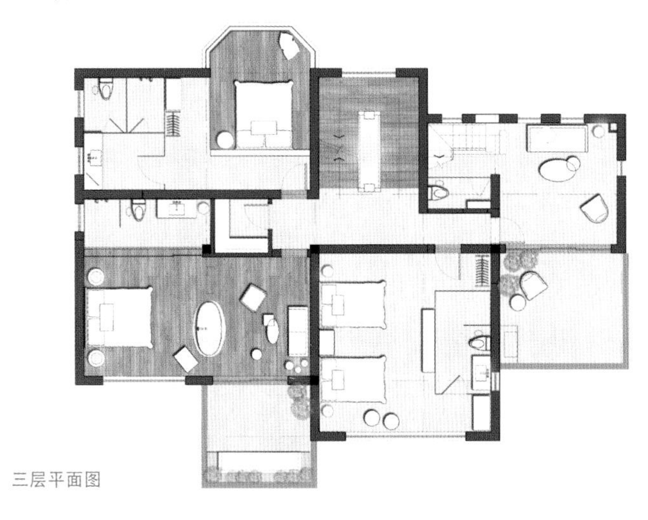
三层平面图

四层平面图

乡建与情怀

塔莎杜朵民宿拥有三位主人，三位德清姑娘希望打造一个全新概念的中国的“塔莎花园”。三棵树以及三种仪式感，让一切变得更加值得玩味。相信经过岁月的打磨，塔莎杜朵民宿会越发凸显出其特有的魅力。当客人走进这里，能感受到幸福充满每一个角落。

15

15－18 / 客房

中国浙江省湖州市德清县莫干山
Mogan Mountain, Deqing County, Huzhou City, Zhejiang Province, China

梵谷精品民宿
Van Gogh Boutique Guest House

- 项目面积
  670 平方米 (670 square meters)
- 设计
  静谧设计研究室 (QP Design Research Office)
- 摄影
  王飞影像工作室 (Wang Fei Image Studio)

01 / 民宿周边的自然环境

02 / 民宿外观与自然环境的结合

03 / 民宿入口

诗意与自然 梵谷精品民宿位于浙江省湖州市德清县莫干山，选址并不靠近莫干山的核心区域，距离核心地带差不多有 10 分钟的车程，沿路有巨大的水杉树、有机农场、青翠的竹林和安静的溪流。梵谷项目的房子背靠丘陵山地，临近水库湖畔，南向有一个坡地草坪。设计团队对这里的评价是：这里拥有一个合适的距离，一个更贴近预期的周边环境，仿佛一切都是刚刚好的样子。

景观平面图

02

03

改造前建筑原貌

原宅与改变 选择一幢房子，也是选择一种生活，打造一个拥有浓郁生活气息的家，让房子承载更多人的美好。在不那么特别的建筑外表下怎样拥有一颗温暖的内心，打造内部空间的氛围感受，在改造中是设计团队花最多时间去思考的。探讨设计者的介入程度与使用者之间的默契，在保证空间类型一致性的同时兼顾使用者的喜好与生活趣味。

理念与实现 整个项目改造分三个部分：外立面改造、内部空间改造、建筑周边庭院改造。在项目外立面上的改造看起来很少，但都是颇为关键的部分，

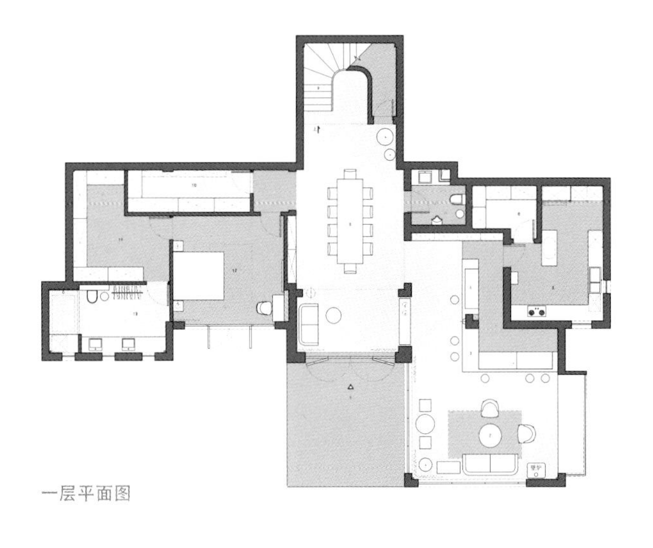

一层平面图

二层平面图

04 / 玻璃墙将室内外空间完美融合

05 / 吧台及休息区

06 / 室内装饰细节

使外部建筑与内部空间保持连续性。在设计规划初期，设计团队就确定要更换全屋的门窗系统，这既是从后期使用角度出发，同时也是出于业主对老上海方格窗的钟爱。在外立面周围的建筑部件改造上，设计团队通过让室内的材料走出去来模糊室内与室外的分界，使两个空间保持了更好的连续性过渡。

04

05

06

在公共区域的设计上，除了空间功能的重新布局外，更多地注重营造生活氛围。设计团队希望，当客人进门的时候不仅仅被其中某一个事物吸引，还能被空间的氛围所感染。生活氛围的营造离不开一个个局部细节的打造和材料的运用：餐厅的地面使用大理石拼花并做了镜面处理，与之相匹配的是来自印度尼西亚的老柚木餐桌；餐桌两端选用一对主人椅，两侧是带扶手的皮质餐椅；入口右侧的玻璃矮柜既起到隔断的作用，也能够用来展示生活中收集到的有趣物件；咖啡吧台和接待吧台呈 L 形，选用了白色的石材马赛克，并做了铁质包边处理，经过哑光处理的石材马赛克无论从视觉上还是手感上都为人带来极佳的感受，而半角包边处理让整个吧台更像是一个巨大的旅行箱。前往二楼书吧需要通过一段弧形的实木楼梯，原色的木质楼梯与整间屋子相得益彰。

三层平面图

07

08

09

整个项目共有9个房间，其中1间为业主自用，还有8间客房：3间客房为独立入户型，其余5间分布在二楼和三楼。根据户型的不同，设计师也做了差异化设计，每个房间都给人不一样的感受。有的房间在颜色使用上大胆而浓郁，有的房间虽小但是功能强大，有的房间仿佛让人回到了过去，还有颇具宫廷感的穹顶房间。房间的软装和配套一部分来源于设计师的推荐，一部分则是业主的用心之选，搭配得恰到好处。

乡建与情怀

如果问现代的田园生活应该是怎样的，那一定是一切都是刚刚好的样子。想吃自己种的蔬果，可以花时间打理自己的菜园；觉得这个季节适合老朋友聚聚，可以呼朋唤友；和一个陌生人成为朋友分享自己的过往和收藏，此时阳光也应该是刚刚好。除了最初一个合适的距离和一个贴近预期的周边环境，当项目设计完成的时候，设计师们想要补充的只是一个能承载记忆的空间和生活方式传递的媒介，梵谷精品民宿可以是这样一种存在。除了要过着自己想要的生活，又可以把这样的生活状态分享给来到这里的人们，这样才是民宿与现代田园生活最好的结合。

07 / 楼梯下方的用餐区

08 / 楼梯细部

09 / 灯饰细部

10、11 / 客房内景

中国浙江省杭州市西湖区徐村
Xu Village, Xihu District, Hangzhou City, Zhejiang Province, China

栖云民宿
Qi Yun Inn

- 项目面积
  300 平方米 (300 square meters)
- 设计公司
  杭州全文室内设计 (Quanwen Design Office)
- 摄影
  邱日培 (Qiu Ripei)

01 / 民宿庭院

02 / 外立面改造使用了大面积落地玻璃，让古朴的建筑在现代感中和谐生长

03 / 巨型落地玻璃拉近室内外关系

诗意与自然 休栖于云端，静谧而又温暖，杭州栖云民宿正是基于这个理念打造的理想中的精品民宿。栖云民宿坐落在杭州九溪十八涧景区入口，深处于著名景点西湖之西的群山之一——静谧的五云山脚下。周围空气清新，环境清幽。

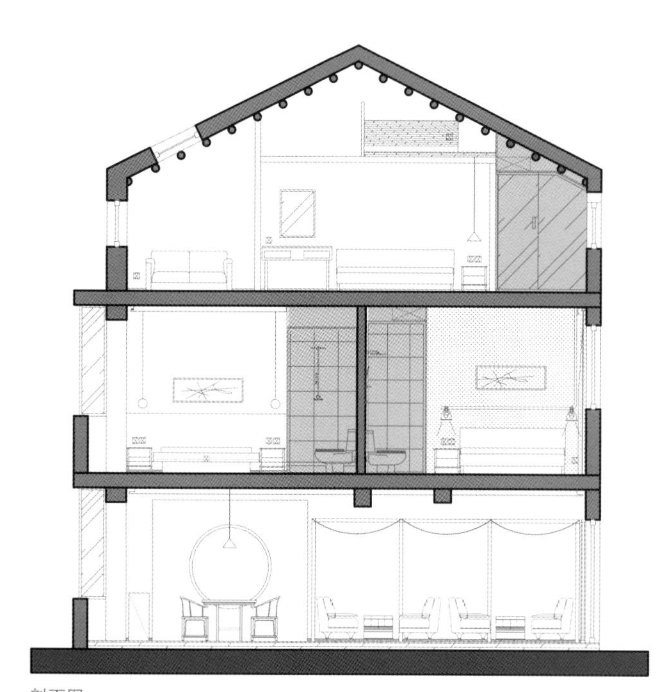
剖面图

改造前建筑外观

原宅与改变　栖云民宿由一个老旧民房改造而成，在改造之初，设计团队就拆除了原有的砖承重结构，仅保留了外立面，内部利用钢结构重新整合空间，在保存了原有建筑风貌的同时也增加了空间跨度，打造出连续的公共空间，弥补了原宅室内空间狭小的弊端，改善了空间品质。

03

楼层分析图

04 / 院子里的独立小屋

05 / 屋顶部的原有木构架结构

06 / 大厅前台使用冷峻的灰色墙面与温暖的原色木头遥相呼应，明装的开关线路，空调包裹的吊顶，没有多余的装饰

07 / 茶室区域

04

05

理念与实现 民宿整体呈现简约的现代禅意风格，主色调明快温馨。外立面的改造使用了大面积落地玻璃窗，使古朴的建筑增加了几分恰到好处的现代感。设计师选用未经加工的天然褐色原木及灰色砌砖来营造温馨怡人的氛围，整个建筑显得安静、私密、精致。

院子里的独立小屋，前部作为水吧为客人提供酒水服务，后部作为功能空间为客房提供清洗消毒的功能。屋顶部保留了原有木构架结构，结合活动折臂窗，营造半开放的空间。院角保留了樱花树，夯土墙上铁框圈围着竹条，隔开了外围的纷扰，让客人能充分地享受周围清净的自然环境。

在茶室中刻意使用了木质桌面，纤细优雅的棚架上是飘逸洁白的纱幔，氤氲的茶香为空间增添了一分曼妙。雅致的黄铜灯具，素雅的木质格栅，营造出一室清雅闲适，正应了休闲之意，也为来此品茶论茶的人们增加几分茶道的仪式感。

一楼使用了折叠滑轨玻璃门，将自然光线引入室内，赋予空间以通透之感。地面的石材铺装延伸到大厅，大门打开时前厅和庭院融为一体，将室内区域从室内延伸至室外，而周围种植的葱郁树木也为在庭院用餐的食客提供了天然的遮阴棚。

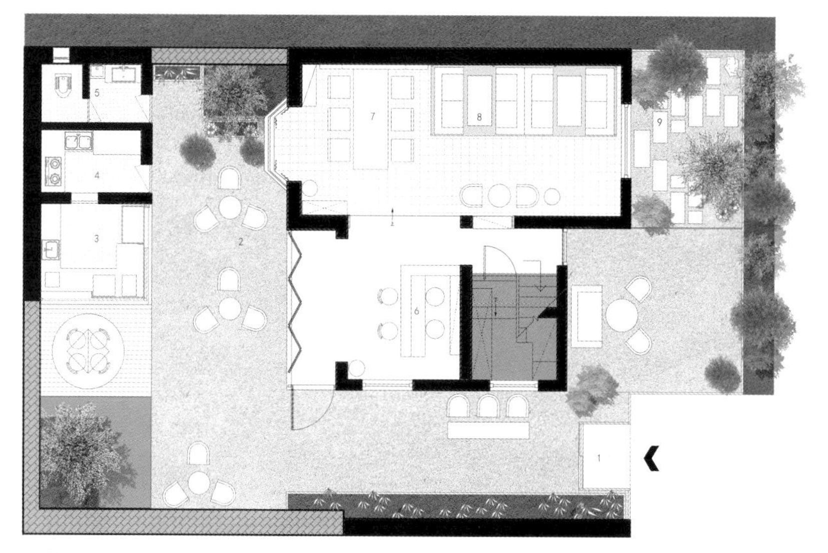

一层平面图

06

07

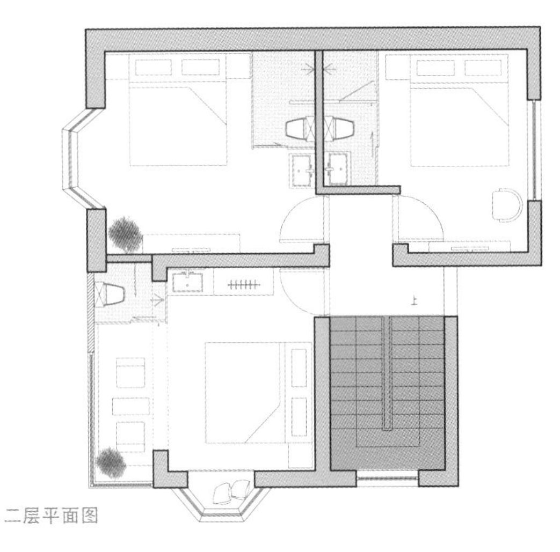

二层平面图

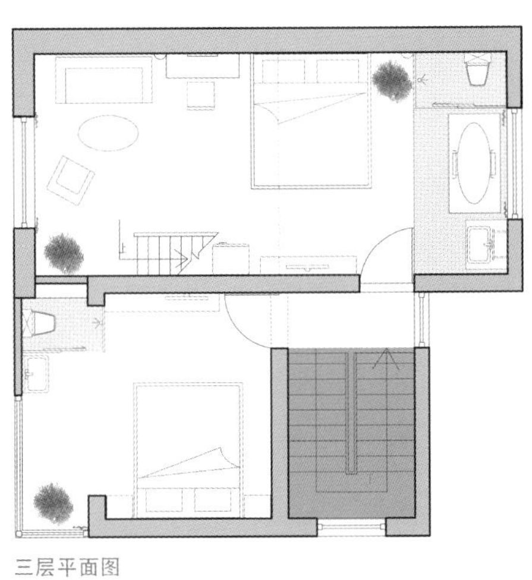

三层平面图

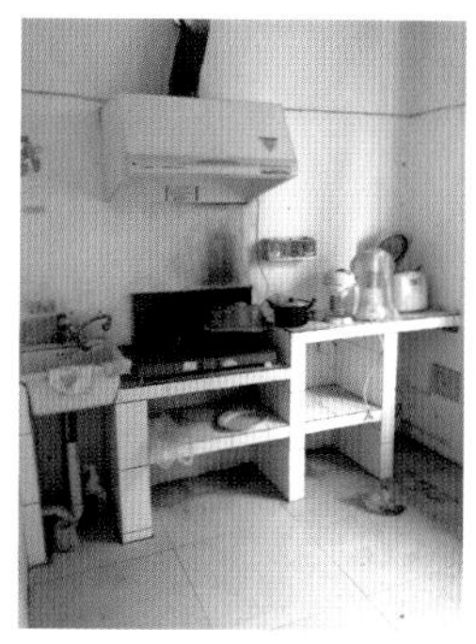

改造前室内原貌

08 / 大面积落地玻璃墙的使用，在视觉上平衡了空间黑色基调的压抑感，黑色铁艺架子固定于墙面替代床头柜的功能

09 / 飘窗和大面积落地玻璃窗的设计使得整个空间显得通透敞亮

10 / 顶层设计保留了裸露的原始木质屋顶结构

仅有的5间客房，被赋予了不同风格的空间设计方案。整体布局设计追求简单大方，采用质朴的原材料来营造客房的度假氛围。飘窗和大面积落地玻璃窗的设计使得整个空间通透敞亮。黄铜制品既为空间增添了几分色彩，又为房间增加了几分质感。西侧的房间整体偏北欧风格，设计师将暖黄色的木地板一直延伸到墙面上，形成了简单的床头靠背，回光灯映衬着木头的纹理，烘托出一室轻盈。东侧房间以黑色为主基调，简洁而摩登，设计师保留了裸露的原始木质屋顶结构，增加了层高，同时也为空间增加了更多可塑性。墙面巨型的抽象水墨画，茶色的淋浴玻璃，可开合的天窗屋顶，营造现代感。暗色调与木头颜色的反差，现代与古朴的碰撞，在视觉上造成强烈的冲击。

乡建与情怀　民宿在某种程度上可以被视为是一个地区的缩影。杭州栖云民宿将为旅人提供一个在溪流边的可以休养生息的家，体验乡村生活的安静避风港，让游人流连于西湖周边的美景，暂时忘记城市生活的压力。

中国北京市怀柔区擦石口村
Cashikou Village, Huairou District, Beijing, China

北方的院子·擦石匠
Courtyard House in the North-Cashijiang

- 项目面积
  430 平方米 (430 square meters)
- 设计
  氙建筑 (Xian Architects)
- 摄影
  白婷 (Bai Ting)

01

02

诗意与自然 这座民宿的房屋基地位于擦石口村内一角，四周栗树成林，群山环绕，位置颇为僻静。往北可徒步至长城，穿越摩崖石刻。擦石口长城横卧在东北方向的山峦之巅，从擦石匠即可远望。

原宅与传承 擦石匠的原宅是一座坐北朝南的农家院，以矮墙分隔成内院和外院。正房建于 20 世纪 70 年代，是五开间的一堂两室房子，比例开阔，使用砖石砌成，宅子里的大小木作和瓦作都是当地最考究的建筑工法。80 厘米的挑檐，冬季阳光满炕，夏季阴凉宜居。

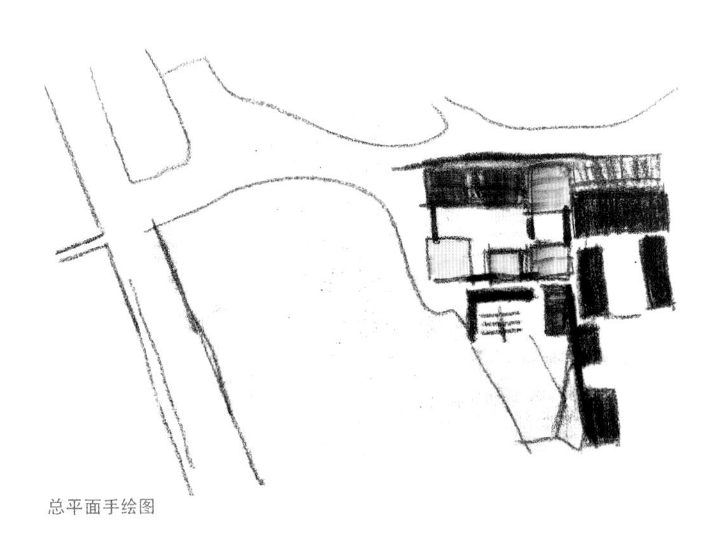
总平面手绘图

基地内院生活原貌

01 / 冬日里的民宿建筑

02 / 擦石口村航拍图

03 / 白雪覆盖的民宿院落

理念与实现

擦石口村视野非常开阔，但四周景物条件颇为复杂。有菜地，有近邻的房屋，也有山脊上的长城，还有从不同方位看出去形态不一的山，以及空中的电线，这对于民宿的景观需求而言有些杂乱。于是，设计师们决定让每个功能空间都用不同的方式应对各异的周边条件，保持退让的姿态，主动营造视线范围，以此得到不同特征的室内外空间组合。改造完成后，几乎每个空间都有院子或平台，目标精确的观景侧窗甚至天窗，保证每个房间都有不同的景色入窗。

03

04 / 民宿及周边宁静的自然环境

05 / 新建后的民宿大院

06 / 大内院中的小独院

07 / 新建后的大内院

04

05

06

相比一年四季植物繁茂的南方，设计师们认为，旱院更符合北京山郊的冷峻味道，而且尺寸很关键，刻意做得稍大一点，会更符合北方地区简单大方的气息。最后，设计团队仅保留了正房和低矮的院墙，其余全部拆除或新建。通过下沉、减小进深、压低檐口等方式，保证北方村院的开阔感，也不会削弱正房的气场。外院将原有的菜棚和菜地改造成休憩平台和花园，水槽被架高举起，拥有了一种仪式感。

擦石匠从设计到建成历时两年，历经了完整分明的四季，在擦石口村不同的天气和不同的时间点，设计师们都会记录对比一年当中体验到的光和材料的空间状态。

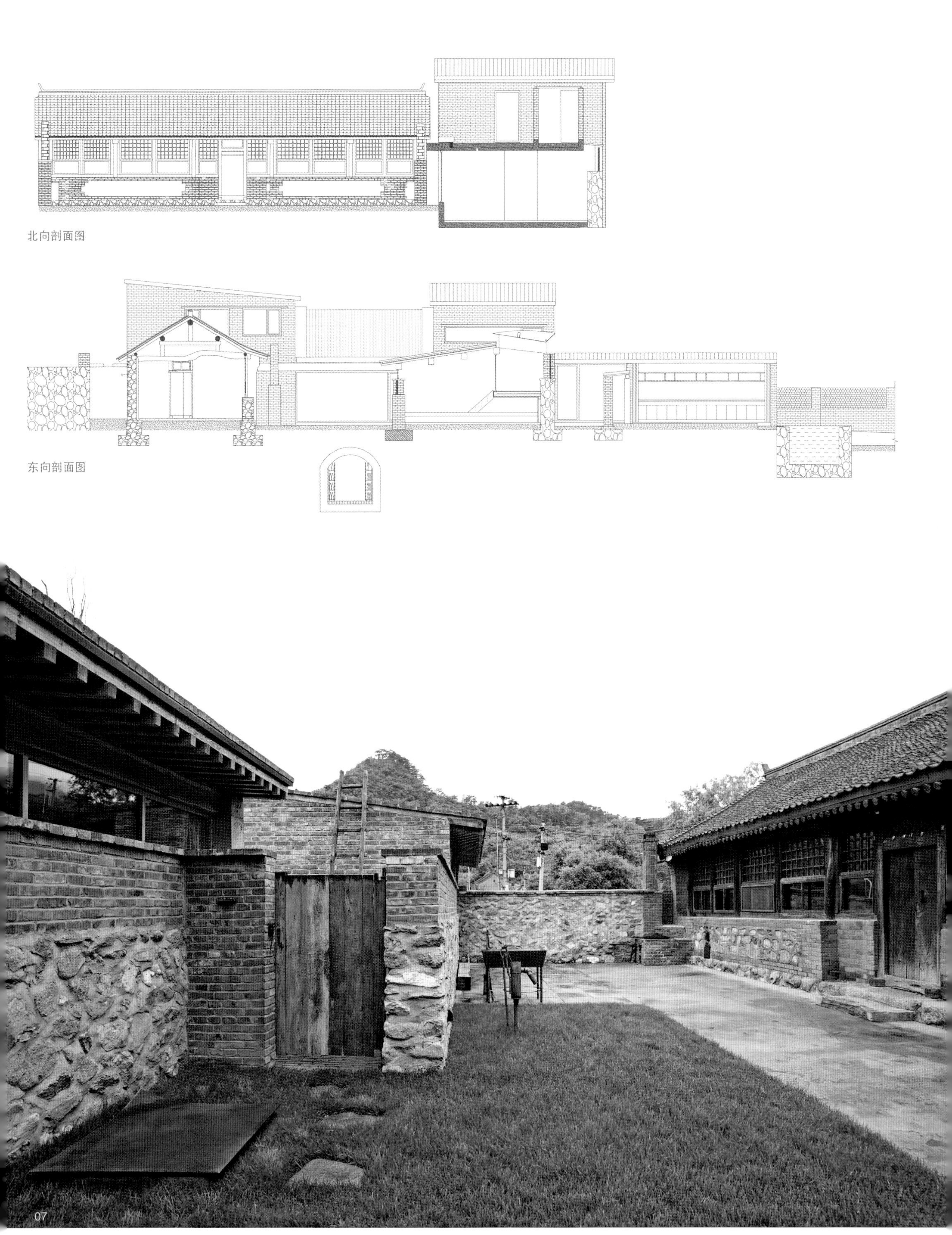
北向剖面图

东向剖面图

07

08

09

08 / 外院装置，用于遮阳与注水

09 / 黄昏下的餐厅

10 / 民宿内的书房

11 / 太阳色的正房

10

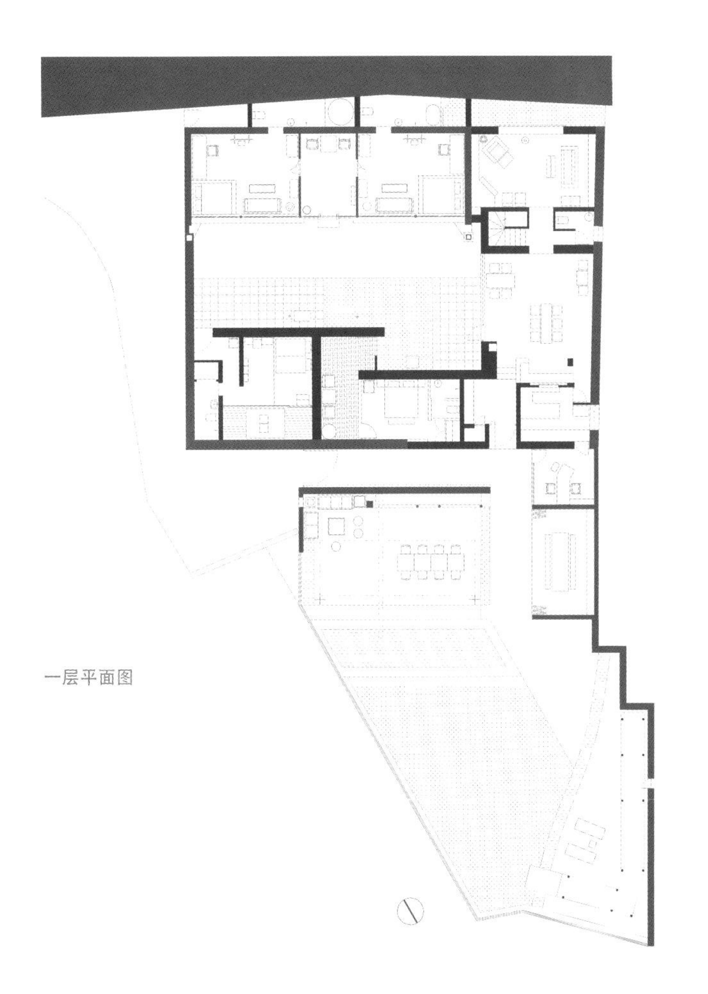
一层平面图

11

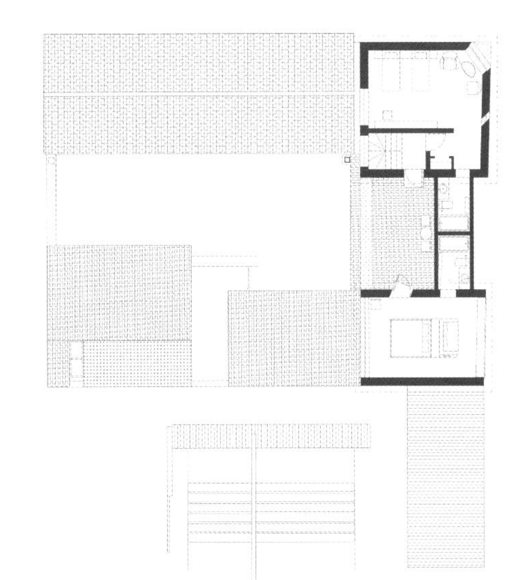
二层平面图

设计师们为每一个空间挑选器具、家具和织物，成品不合适的时候，便亲自设计并制作，例如书房的石材茶几、正房手工染就的红色窗帘、西南房间的装置和家具等。在整个建设过程中，设计师们从触摸过的大量材料和调试比例的过程中汲取灵感。

整个院子以低调的方式贯彻了设计团队坚持的两项基本的建筑观：隐秘和天性。在此，设计师们排斥所有空洞多余的方式，只是简单地思考，让建筑内部逐渐丰盈起来。探寻建筑不同空间和物质形态之间的错落，感受风和阳光的轨迹，来呈现自然的涌动。设计团队所追寻的空间魅力，是一种隐秘的主宰力量。

12

13

14

乡建与情怀 业主说："我在城市里拥有的多处房子，并没有如我小时候住的乡间院子带给我归属感，这是我年轻的时候没想到的。"

设计师说："田园生活的环境格局、质感和时间韵律迥异于城市，有着触发身体、潜意识和记忆的天然环境。民宿建筑因其对所有人开放，成为人们广泛理想的一种集中物化，可以对可被感知到的一切做出回应。建筑是生存理想的寓言，希望回应的行动不是直白的，而是拥有同自然田园一般的隐秘层次。"

12 / 东北房斜窗与卫生间

13 / 天窗浴室

14 / 正房北屋浴室

15 / 原生态风格的西南房

16 / 西南房阴台

正房室内原貌

中国浙江省杭州市桐庐县
Tonglu County, Hangzhou City, Zhejiang Province, China

三生一宅
Sansheng Yizhai

- 项目面积
  1000 平方米 (1000 square meters)
- 设计
  高伟民 (Gao Weimin)
- 摄影
  三生一宅 (Sansheng Yizhai)

01

诗意与自然 浙江省桐庐县富春江南岸天子岗北麓，西距桐庐县城 16.5 千米处，有一座名叫深澳村的地方。深澳村至今仍保留着可供取水、用水的古代地下水系统，在地下水系之上则集中了 200 栋左右明清时期的古建筑，被列入中国历史文化名村。民宿三生一宅，就坐落在这座历史悠久的村落。

02

改造前原貌

原宅与挑战 三生一宅的前身是一座建于清嘉庆年间、有着 200 年历史的徽派老宅——荆善堂，整体占地约 1000 平方米。三生一宅的主人之一高伟民，同时也是负责操刀的设计师，在经过半年的深思熟虑、无数张设计图的修改、耗费整整两年的精雕细琢之后，终于向人们揭开了三生一宅的神秘面纱。

04 / 民宿内院入口

05 / 星空长廊

06 / 民宿内部小庭院

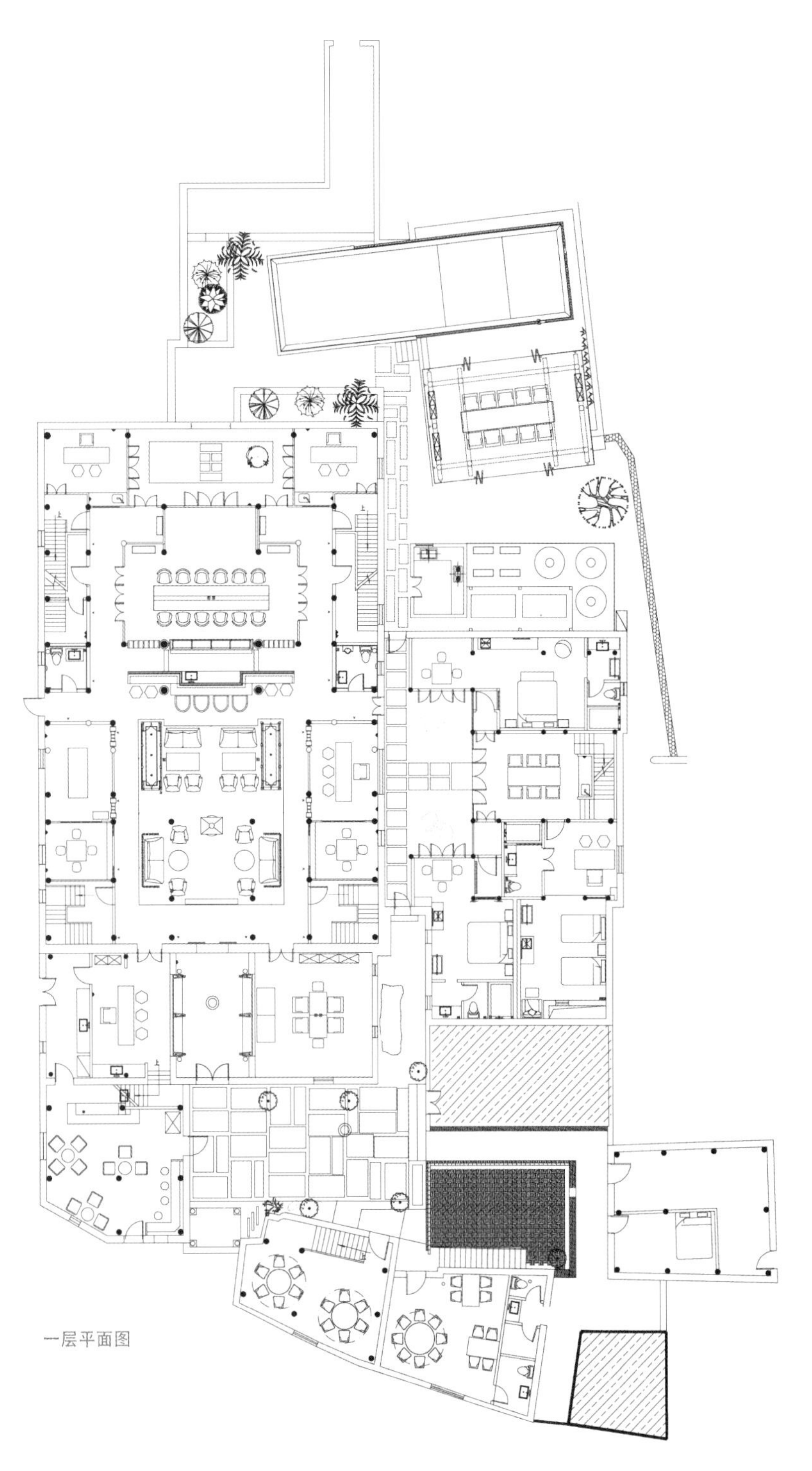

一层平面图

理念与实现 三生一宅共设有15间客房，均以深澳村的各个老建筑堂屋命名：怀素、行素、蕴轩、毓秀、棣萼、九如、聚五、听彝、江南忆等。单是听这些名字，就可以感受到深澳村悠久的文化传承。

06

07

08

客房设计延续了传统的古典风格，并且通过巧妙的设计，解决老房子在通风、采光和隔声上的通病。不仅如此，设计师还贴心地为入住主楼9间客房的客人们实现了“一梯两户”的房型，最大程度地避免了客人上下楼互相干扰的问题。木质的客房给人古典传统的享受，但客房内的设施和卫浴都是按照五星级酒店标准定制的，还设有圆形浴缸，让客人们有种回到家的舒适感。

由于民宿的前身荆善堂已年久失修，只剩下残破墙壁和天井里的两根木头立柱，在改造前期阶段，民宿的设计师耗费了大量精力去研究房子的建构和特点，无数次下皖南调研徽派建筑，最终在保留宅子原有的结构和肌理的前提下，融入现代元素，赋予了这座老宅新的生命。

二层平面图

三生一宅保留了徽派建筑的回字形结构，大堂位于中间的天井处。当客人刷卡进入民宿时，满眼都是木雕大梁、格窗和坐榻，仿佛穿越到另一个时空。不仅如此，设计师还极为巧妙地将天井改装成一个大鱼缸，当人抬头望天，可见锦鲤在水中嬉戏。日光透过玻璃鱼缸折射到室内，沙发上、花朵上、石板地面上，都细细碎碎地闪动着波光。

主楼的二层则是客房所在。副楼为抱屋，外有枯山水式庭院，从榻榻米房开窗便可见庭院景观。餐厅位于大堂后侧，天井四周是开放式酒吧、茶吧和书吧。

07 / 客房“江南忆”

08 / 客房观井小台

09 / 大厅（荆善堂）

10 / 酒水吧

11

12

适时地裸露墙壁的古青砖是民宿设计师精心安排的一个小细节。在粉刷墙壁的时候，故意留下一些保存完好的古砖，未作粉刷，请人在青砖上作画。斑驳的黑白灰基调，配上小桥流水人家的画面，古风悠悠。

三生一宅最大的惊喜藏在后院，设计师在这座面积不大的徽派老宅里特别安置了一座露天游泳池，泳池旁有一座多功能阳光房，梁与柱都是老木头翻新，其余部分以玻璃建造。精美的木刻雕花搭配透明玻璃，古典与现代的奇妙混搭，令人叫绝。

13

11 / 大厅“四水堂”

12 / 茶空间“问茶”

13 / 会议室“三生小叙”

14 / 大厅局部

15 / 无边泳池及古建结构阳光房“星语阁”

14

乡建与情怀

时代不断进步，但人们也不会忘记去体味历史的韵味。来到由老宅改建而成的三生一宅，看时光流转，感受历史的馈赠。每一位来到这里的客人，都能感受到桐庐令人惊艳的历史气息，并能够放松自我，回归田园。

15

中国四川省雅安市名山区骑龙村
Qilong Village, Mingshan District, Ya'an City, Sichuan Province, China

小茶院
Tea Time Courtyard

- 项目面积
  784 平方米 (784 square meters)
- 设计
  郎希 (Lang Xi) / 北京使然建筑设计有限公司 (Shall Design Architects)
- 摄影
  鲁尚靖 (Lu Shangjing)

01

02

诗意与自然 小茶院诞生于四川省雅安市名山区骑龙村的一栋废旧宅基地之上。名山区是毗邻成都的著名茶乡，当地村民世代以种茶为业，丘陵状地貌间处处是常绿的横纵茶田。设计师特意挑选了这样一处出门见山、回头望村的位置，期望民宿可以成为乡与野之间的一种纽带。

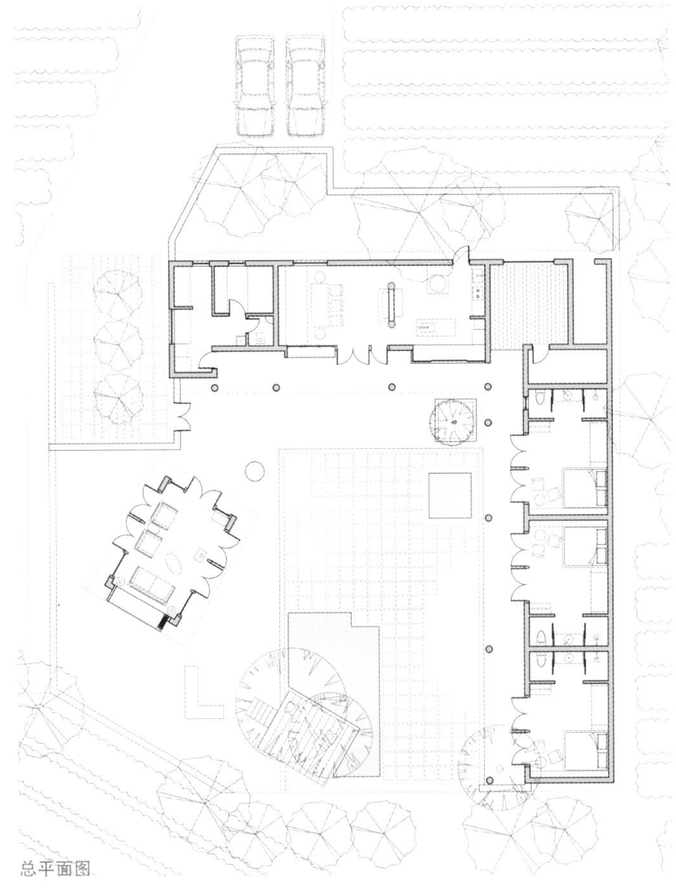
总平面图

小茶院原貌

残垣断壁的曾经

01 / 茶海中的静谧院落，继承了传统川西民居古朴的一面

02 / 夕阳西洒在小茶院里，时光在此刻凝固

原宅与改变

原有的建筑是一家茶农祖宅，随着兄弟分家，祖宅已被荒废，只余残垣。建筑基础为L形，斜向面对茶田，由一条三十余米的小径与村子主干道相连。设计师遵从原有的历史肌理，在L形基础上复建原有房屋作为主要客房区及餐厅。在院落的一角，设计师放置了一组“开门见田”的客厅，与主要功能区形成45°错动。通过加建客厅围合出一处三合院落，并延伸至茶田边界。在此，设计师将瑜伽平台与原有的树木相互结合，旨在再现“走出门前炎日里，偷闲一刻是乘凉”的闲适场景。

设计过程中的全景模型

全景透视模型

03

理念与实现 设计师希望将院落打造成“生于斯，但不同于斯”的独特风格：木结构托生于当地传统民居的制作法，但柱子不再是唯一的承重体，从节约材料、增大空间的角度出发，砌块墙体替代了部分柱子的结构功能，但并不影响立面的通透效果；材料几乎全部采用当地原料，并大量回收了当地的废旧砖瓦，部分沿用当地做法，部分采用现代做法；软装与配饰同样遵循着新与旧的冲撞，带有 20 世纪 80 年代怀旧感的壁炉、暖壶、石磨与现代家具混合搭配。这些对撞与嫁接的手法既是出自对项目造价的严格控制，更是设计师对于建筑的一种理解——犹如我们的记忆，空间与质感的时间叠加产生了一种蒙太奇拼贴，它是人对童真与舒适感的回忆混合体，不连续但格外美好。

03 / 柴门半掩迎客来，茶院旧貌换新颜

04 / 入口处的三棵大树被保留了下来，树下的喜阴植物在雨后生机勃勃

05 / 室外檐廊提供了丰富的灰空间，适合当地气候

06 / 在乡村中拥有一个安静的院落是大多数人的梦想

07

08

乡建与情怀 在万亩茶田边盖一座民宿，晨间有鸟语，午后有虫鸣，夜晚有微风。这座房子为人们在喧闹人世间留一段时光，自然温暖，温馨宁静，小茶院把时间和空间留给最亲密的朋友和家人，在这里，能拥有与大自然为伴的美好时光。

07 / 客厅朝向最好的景观面，开窗见茶田

08 / 在冬天，温暖的火炉就是客厅的中心

09 / 泡一壶茶，和时光一起慢下来

10 / 多想有一个面朝茶海的童年

11 / 灯火通明的厨房飘来阵阵农家菜的香气

09

10

11

中国陕西省宝鸡市岐山县周源景区
Zhouyuan Scenic Area, Qishan County, Baoji City, Shaanxi Province, China

周源·百工坊原舍客栈
Zhouyuan Baigongfang Guest House

01

- 项目面积
  2700 平方米 (2700 square meters)
- 设计
  西安本末装饰设计有限公司
  (Xi'an Benmo Design Limited Liability Company)
- 摄影
  张晓明 (Zhang Xiaoming)

环境与文化 周源·百工坊原舍客栈坐落于陕西省宝鸡市岐山县周文化主题周源景区内，景区位于诗经中“凤鸣岐山”的凤凰山南麓，囊括了周城、周公湖、周公庙、凤凰山几大板块。周边风景大气而秀丽，整体环境质朴刚健。在设计之初，设计师追求的是建筑与环境的融合，于周代文化上寻找契合点。

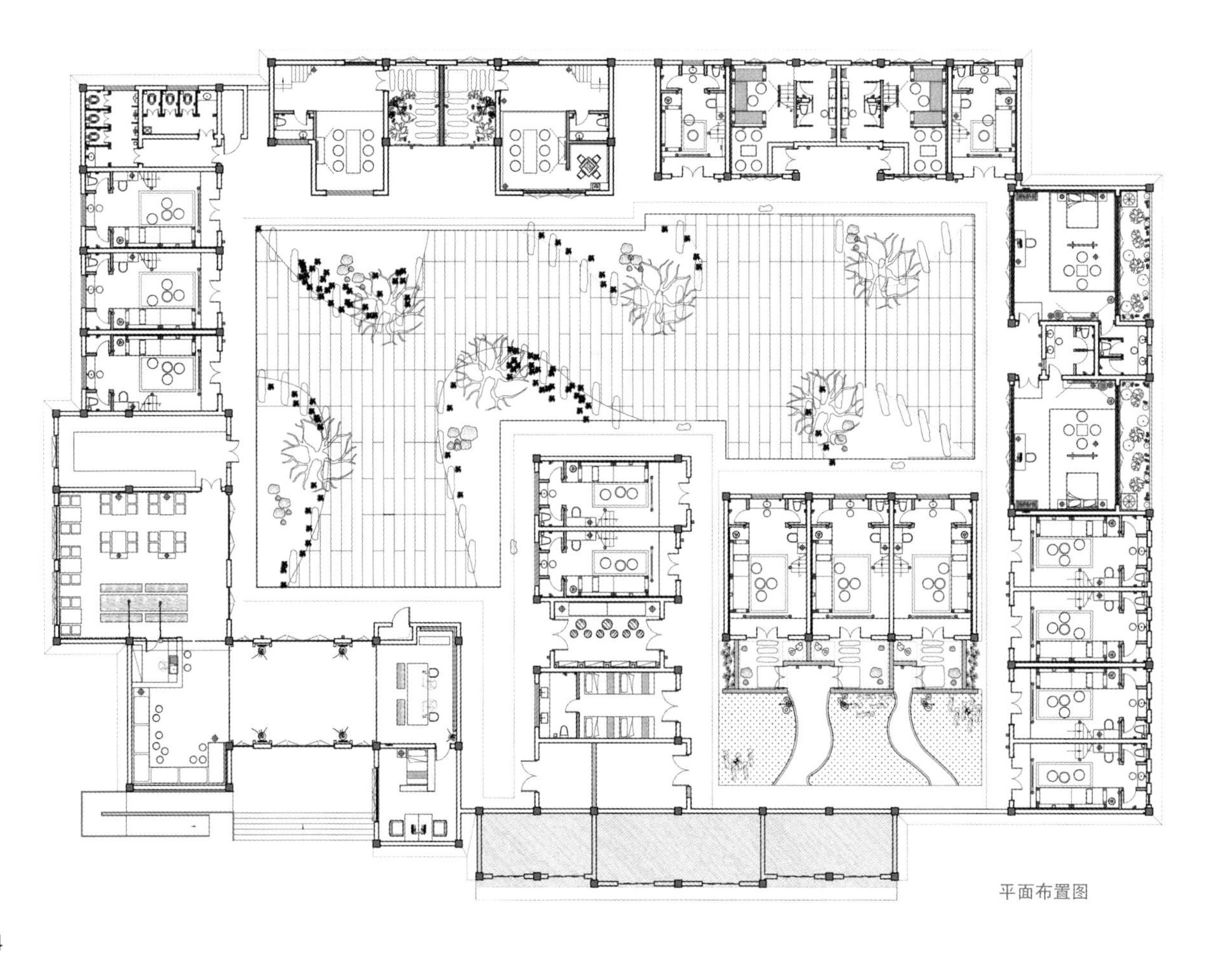
平面布置图

01 / 家庭阁楼外立面

02 / 原舍客栈俯视实拍图

03 / 庭院房过道和入口

理念与实现 设计方案从景区的整体环境与特有的周文化主题出发，建筑形式借鉴周代特征，选材用料考虑当时的生产水平，起居方式符合当时的社会文明发展，让入住者既能体验周朝的文化魅力，又能享受到舒适的田园度假时光。

04

客栈的总体布局以庭院为中心，客房分布四周，以回形围合之势串联各个功能区。将酒店大堂、餐厅、书吧、客房、配套服务等有序划分；建筑形式以单层房屋居多，几栋两层小楼分布其中，形成由小而大、由内而外的递进形式；

05

04 / 园林景观夜景

05 / 客栈草棚与竹帘

06 / 客栈前厅接待区兼休息区

07 / 客栈休憩区一隅

增加庭院回廊，便于穿行，闲庭漫步也是满眼景致；客房形式有庭院客房、平层客房、跃层套房等多种形式，满足情侣、家庭等多种入住需求。

室内空间手绘图

建筑选材上，考虑当时的社会文明发展程度，提取的材料都来源于自然，草、木、石、土，温润的夯土墙以原石为墙基，室内家具以木结构表现形式为主，顶部以席面铺设，加强空间的简练质朴感。这些来源于自然的材料搭配中国传统的芥黄、黄橡、茶白等色彩，呈现出轻松、自然、丰富的视觉感受。

09

08 / 客栈书吧

09 / 客房一楼近景

10 / 客房一楼会客区

一个好的灯光氛围，能提升情感的共鸣。在本案的灯光设计中，光与影是主要思考的方向。白日，手握一杯清茶，看着穿过窗格的阳光，享受一段平和与舒适；夜晚，在暖暖的竹灯中，体会灯光营造的柔和氛围。放眼四周，竹、木、席、布，都有动人的质朴触感。

10

11

12

室内空间手绘图

设计与文化

行走在原舍客栈，看着迂回曲折的廊道，感受光与影，触摸夯土的质感，仿佛能看到文化的沉淀。设计是一门通用的语言，好的设计必须挖掘出更深层的体验感，对原舍客栈而言，既与周文化协调共生，又契合现代审美及现代生活方式，最终带给客人独有的体验之旅，带来百工坊独有的身体与精神双重愉悦的体验。

11/ 客栈通道观景休息区

12 / 家庭套房一角

13 / 大客房近景

14 / 客房茶台近景

中国四川省成都市都江堰市青城山

Qingcheng Mountain, Dujiangyan City, Chengdu City, Sichuan Province，China

摩登青城

Modern Qingcheng

- 项目面积

  1200 平方米 (1200 square meters)
- 设计公司

  成都赤橙室内设计有限公司

  (Chengdu Red Orange Interior Design Co., Ltd.)
- 摄影

  奉龙 (Feng Long)

01

诗意与自然 摩登青城位于四川省成都市都江堰青城山双凤路大观镇附近，青城山脚下。青城山是道教发源地之一，拥有优美的自然景色，环境清幽，群山环绕，连绵不绝，山上树木青翠，空气清新。民宿所在地理位置独特，既可以近距离感受青城山的道教文化和自然风光，又能享受民宿设施带来的现代感。民宿本身融合了青城山的幽静又充满现代化的气息，周边还有街子古镇、普照寺等值得一游的人文景点。

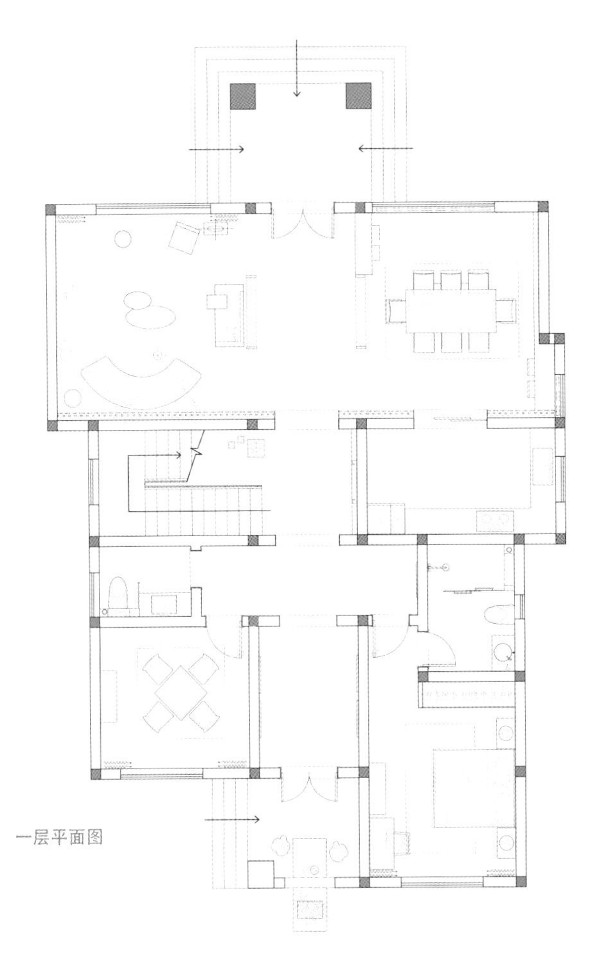
一层平面图

02

01 / 经典的主体建筑正面

02 / 建筑侧视图

03 / 环绕建筑的“水镜”

建筑改造前原貌

03

原宅与改变

原宅的建筑风格和室内设计并不合理，所以，尽管外立面华丽好看，但室内的居住环境与居住品质却很一般，华而不实，与当地的气质和环境也格格不入。业主希望结合建筑坐落于青城脚下的地理位置和人文环境，改造成不失中国传统文化气质的空间，但不要过于庄重，室内、外墙、庭院均一同改造，让建筑能够融入当地的自然环境，贴合本地的民俗文化。原宅是自建房，设计师拿到手的是一份比较粗略的建施图，且没有多余的成本进行大结构的变动，因此设计师根据原户型进行空间调整，在不影响主体的情况下，移动了一些布局不合理的墙体，以优化各个空间的功能配比。

由于摩登青城项目位于中国道教的发源地之一青城山，道教文化氛围浓厚。道教讲究道法自然、天人合一的哲学理念，所以设计师注重建筑与自然的结合，将光影、水、时间的流动与建筑结合起来。设计师还注重传统建筑及装饰中的轴对称与虚实关系，注意突出气质与韵味，强调素雅、质朴。

04 / 建筑入口

05 / 门厅的“圆与方”

06 / 阳光下的轴对称设计通道

04

05

06

理念与实现 建筑一楼刻意以标准的轴对称形式建造，且注意建筑的递进与层次，优化了横向通道，以增加空间连续性和递进感的节奏来打造动线。在前院和后院分别设置了一个圆窗，与廊道的门洞一起，形成一个递进的空间形式。

建筑二楼把左侧原有卧室的一部分空间划分给了客厅用作挑高部分，以此扩大人们对客厅的视觉感受，挑高的空间使客厅上下有呼应之感。对室内家居位置也进行了调整，并提升卫浴品质。

建筑三楼设置了一个整体套房，单独划分出一个起居室，配套一个露台。右侧露台部分未作调整，保留原有的小泳池，增设了户外露天休息区。

青城脚下，自然少不得山水，水墨之间也尽显中式韵味。考虑到施工限制以及造价，设计师保留了一部分外墙的线条，并替换了材料和色彩，在原有的基础上加建，形成了一个以黑白色调为主体的质朴建筑。无论从建筑外观、院内景观还是室内软装来看，摩登青城都保持了静谧中回荡律动、古朴中孕育活力的精神。

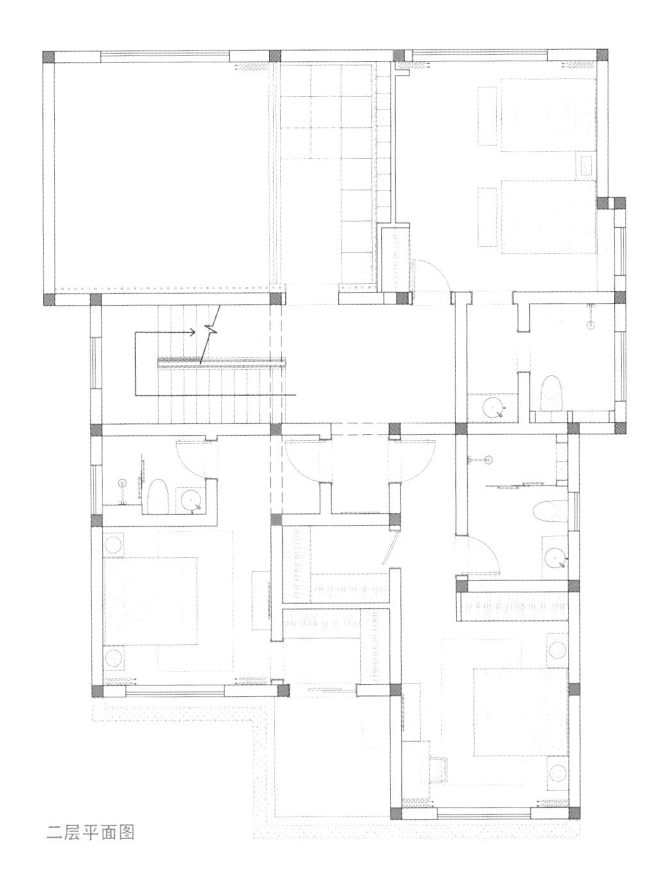
二层平面图

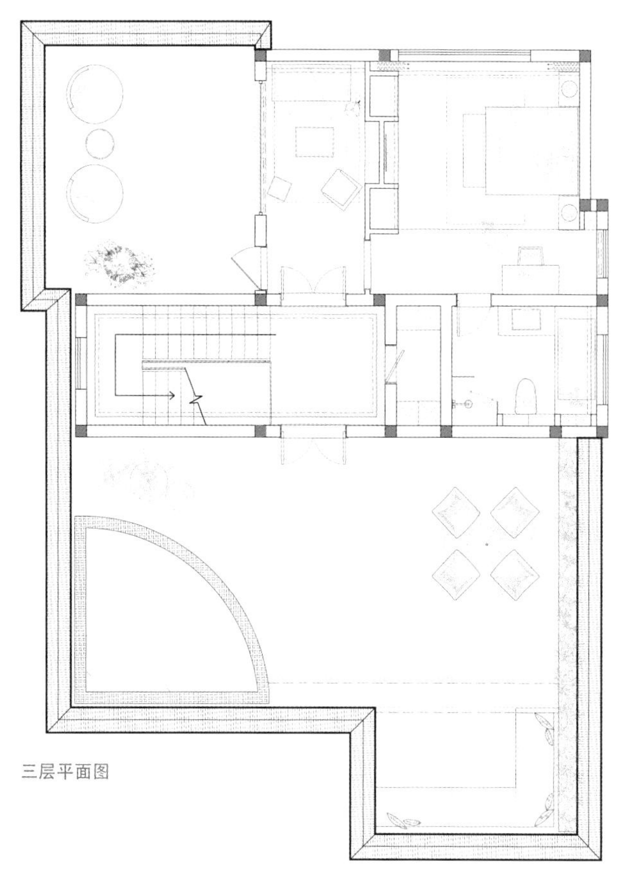

三层平面图

乡建与情怀 摩登青城在保留自建房的基础上进行了改造，实现了与自然的完美结合，融于环境，适应环境。不追求外表的华丽，追求内心的宁静；不愿太过枯燥，在内部打造一处天地。民宿在建筑上实现了光与影的完美融合，情与景缱绻相依，利用层层递进的框景效果将有限的空间渲染得更加深邃。建筑外部低调冷静，室内的软装却让人感到温暖。适合三五好友闲聚在此，窝在舒适的沙发中，饮几盏清冽的美酒，体会岁月长河的涟漪，感叹时光的流连。

07 / 明朗的开放式客厅及就餐区域

08 / 阳光下的餐厅一角

09 / 二层观影台，娱乐的最佳区域

10 / 青色调儿童房

浙江省杭州市建德市三都镇八亩丘村
Bamuqiu Village, Sandu Town, Jiande City, Hangzhou City, Zhejiang Province, China

八亩丘·云漫松间民宿
Bamuqiu Yunman Songjian Guest House

- 项目面积
  6000 平方米 (6000 square meters)
- 主创建筑师
  黄志勇 (Huang Zhiyong)
- 摄影
  奥观建筑视觉 (AOGVISION)

01

诗意与自然

八亩丘·云漫松间民宿位于浙江建德市三都镇前源村八亩丘村，地处“富春江—新安江—千岛湖”黄金旅游线中段，东邻浦江，南接兰溪，北靠桐庐。山环水绕，自然风光旖旎迷人，有着良好的生态环境。民宿位于海拔 700 多米的高山之巅，四面视野开阔，光照时间长，气候环境优越，具备种植高山果蔬的有利条件。周边村庄内古树参天，植被丰富，环境优美。

02

原宅与改变

原宅建筑全为夯土结构，颇具原始自然风貌。东南朝向，坐拥山景、湖水、田园，自然景观视线良好。地理位置优越，位于山顶高地，拥有独立出入口，内部空间相对独立，就像天然的世外桃源。设计团队大胆提出对建筑进行拉伸和改造的方案，利用保留较好的房屋作为主要接待空间，体现传统的生活方式。至于已无法使用的部分建筑则推倒重来，按照现代民宿的生活空间来配套整体项目，实现一个大的格局要求，以合理地安排客人吃、住、玩所需空间。在与业主商讨的过程中，又增加了玻璃树屋及餐厅的新概念，以作为云漫松间民宿的亮点。

改造前旧屋

01 / 建筑全景外观

02 / 全景鸟瞰图

03 / 建筑与庭院，植入草坪与泳池

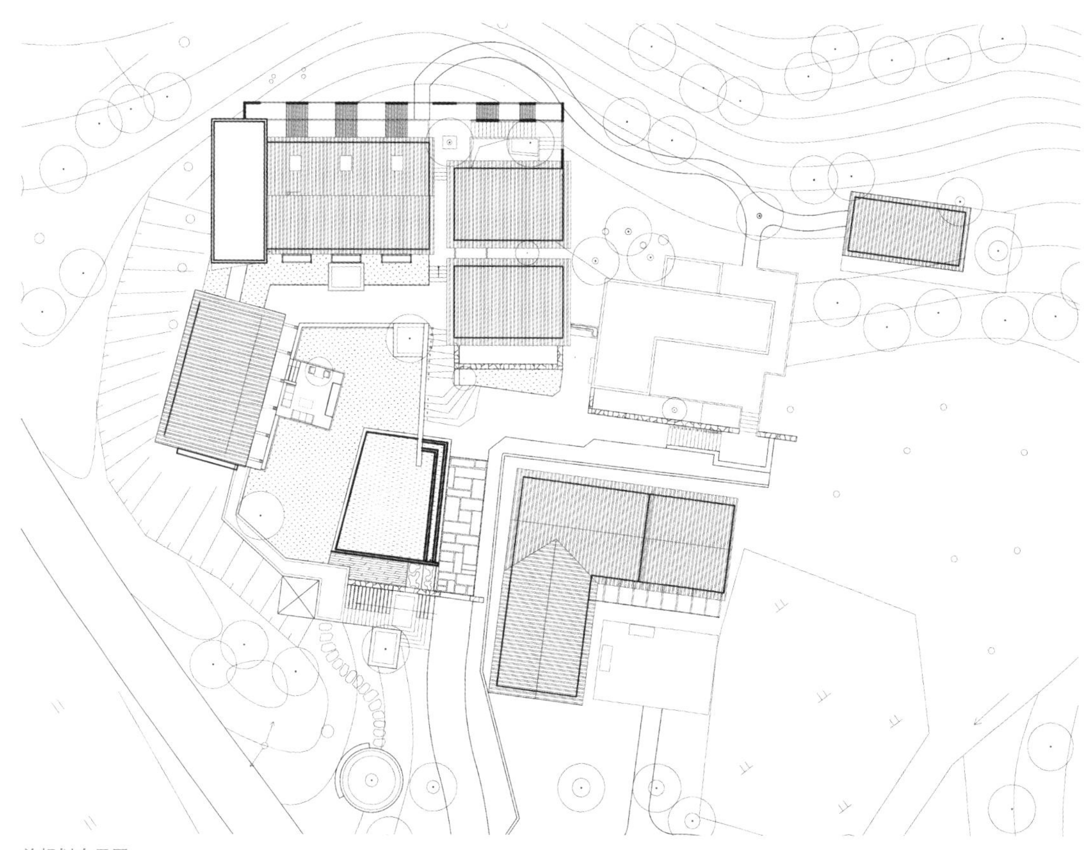
总规划布局图

03

04

05

04 / 建筑前庭院

05 / 建筑独特的双坡顶

06 / 建筑外观采用大落地窗

07 / 自然光与室内灯光相映成趣

06

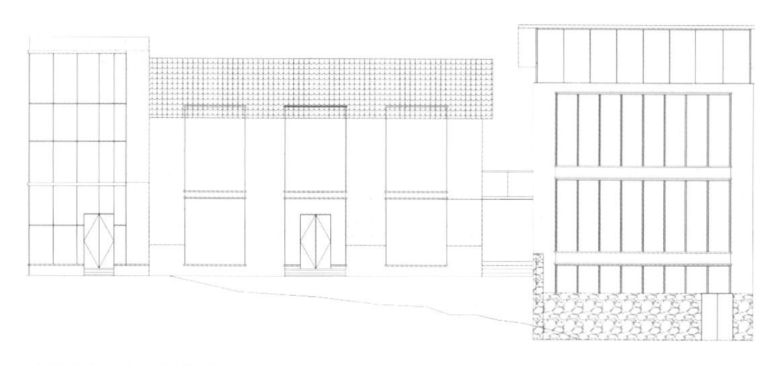

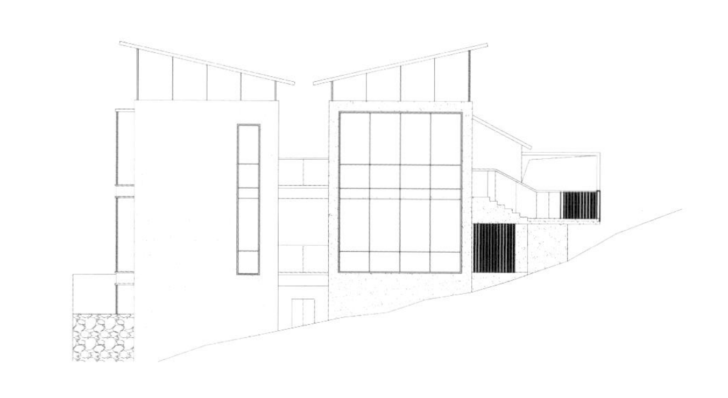

建筑北立面与山体的关系

保留并改建已经破败的老土房是个不小的挑战，设计团队面临三大难题。首先，民宿的老基地有一部分老建筑，而老建筑的改造存在极大的结构隐患与使用问题：老宅采光不足，夯土墙年久失修，长年无人居住，破损严重，濒临坍塌，对建筑进行加固及新建重组成为至关重要的第一道工序；其次，场地限制较多，原宅建筑已经占据了一部分场地，导致新的功能区可发挥的空间不大，设计团队要在有限的空间里实现更多的功能分区布置，但受原宅空间有限的影响，动线关系局促；再次，旧格局与老建材无法满足新生活的需求，必须调和“新”与“旧”的激烈碰撞。

理念与实现

要满足民宿功能分区的要求，又要实现客人对舒适居住的需求，设计团队面临诸多问题。首先，应对采光和结构受力问题，设计团队采用钢柱双向夹固土墙，并在钢柱间嵌入向外突出的落地玻璃窗，同时挑高窗顶屋檐，使得土墙整体牢固度提升，整个房子内外通透，采光量增加，居住体验更为安全舒适。

其次，为破解场地限制问题，设计团队有机地调和新建筑的位置，因地制宜地塑造其与原有山体的空间关系，在动线梳理上，所有房间的入户门均后置设置，最大程度地保证了房间的私密性。

07

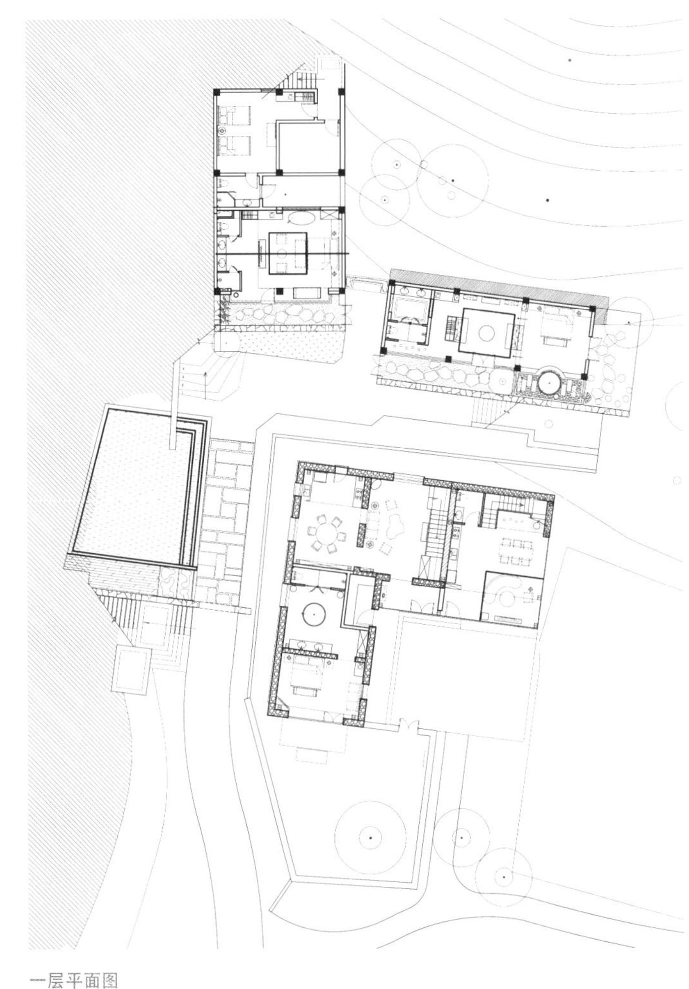

一层平面图

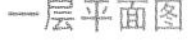

再次，关于新与旧的碰撞，设计团队选择了最质朴的处理方式。主楼保留原有的夯土墙和木料，副楼原地取材——山石做墙，古木装饰，旧物改造。对建筑形体本身，除解决原宅的安全结构问题和采光要求外，着重对新旧结合的融入度进行了梳理，在保留一号楼原有风貌的同时，嵌入两个玻璃几何体，使室内与室外空间延伸相融。由于原有面积不能满足使用，又在旁边新建了会议室和客房，将客房的进入方式合理地移到了面山位置，把外立面完整展现给客人，让一号楼更加多元化。夯土、黑钢、大玻璃，既保留了老建筑的旧时光记忆，又提升了现代人的居住品质，建筑与周围的山林鸟鸣、明月清风都产生了有趣而和谐的交流。

08 / 玻璃钢楼梯

09 / 楼梯细节

10 / 入口亭廊

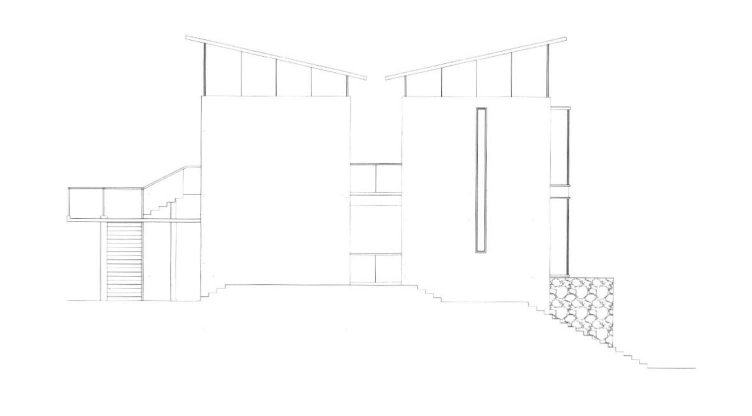

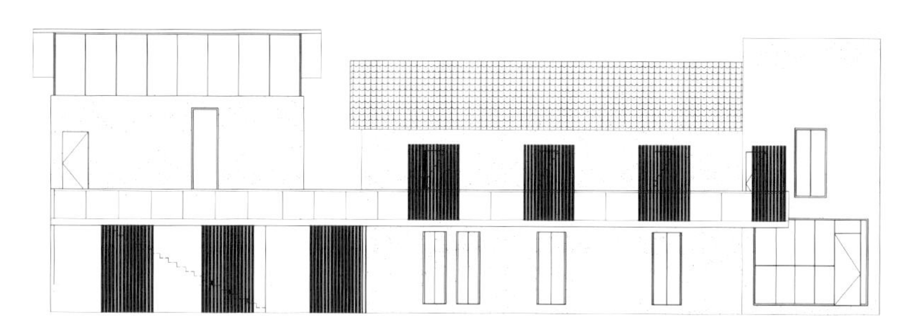

建筑剖面关系

11

12

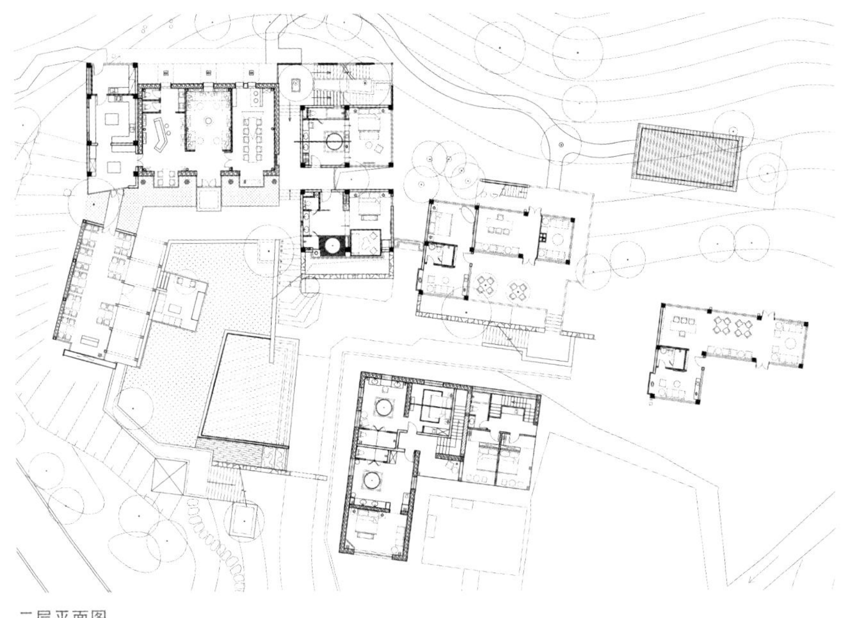

二层平面图

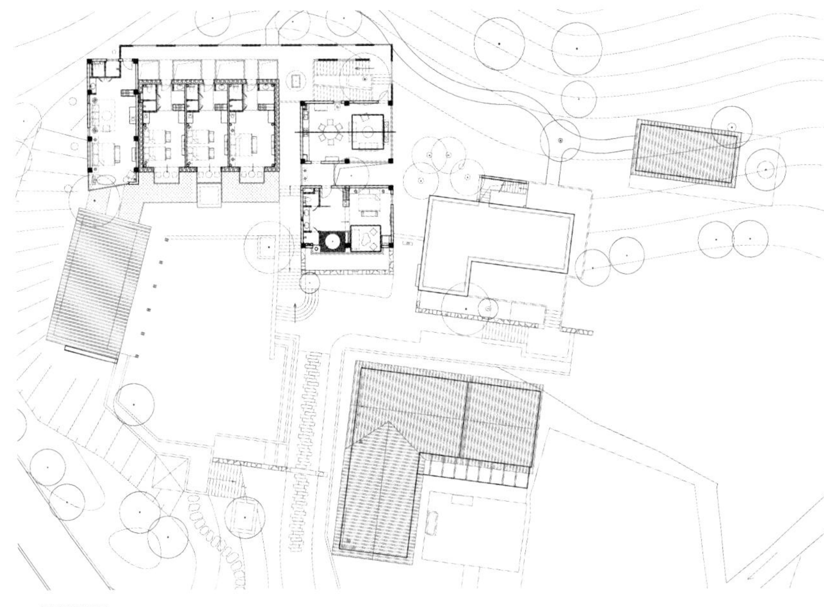

三层平面图

乡建与情怀

八亩丘·云漫松间民宿起源于业主的"归家"梦——山野做伴，田园为趣，无拘无束，随性自然。一个好的民宿，不会去打扰大自然最原始的生态，而是以最恰当的姿态融入其中，云漫松间正是如此。在设计落实过程中，设计团队改建了两间原有农舍，加建了三间新屋，在保留泥墙上岁月斑驳的痕迹和特色山居外观的同时，将现代化的设计糅合其中，实现了"老物糅合新貌"的设计目标。设计团队梦想将这里打造成为乡村绿色农业生态环境展示中心、儿童成长体验中心、乡村情怀记忆中心，建成一个看得见青山，望得见绿水，忆得起乡情的高品质山乡休闲度假园区，打造符合"全域旅游"美丽乡村建设的建德民宿名片形象。

11 / 餐厅建筑外观

12 / 餐厅室内

13 / 客房室内原木结构特色

14 / LOFT 客房儿童天地

中国浙江省湖州市德清县莫干山
Mogan Mountain, Deqing County, Huzhou City, Zhejiang Province, China

鱼缸·花田美宿
Yugang Homestay

- 项目面积
  850 平方米 (850 square meters)
- 设计
  杭州时上建筑空间设计事务所 (ATDESIGN)
- 摄影
  唐徐国 (Tang Xuguo)

01

诗意与自然 鱼缸 · 花田美宿坐落于浙江省著名休闲旅游胜地——莫干山，屋前有一大片明艳的油菜花田，屋后竹海茶园万壑流青，左侧有一湾溪水流过古桥。溪水潺潺，竹林环绕。经过蜿蜒的山路和青翠的竹林，来到风景绝赞的南路村。老房子依着山坡，山坡上有碧绿的菜畦和茂盛的紫云英。入眼处处是风景，耳畔阵阵是乐章。

02

01 / 夜幕下的建筑全貌

02 / 俯视全景

建筑改造前原貌

原宅与改变

鱼缸·花田美宿由农舍改建而来，由于当地旅游业的蓬勃发展，主人想要改变原宅老旧残破的格局，便邀请设计师沈墨与张建勇进行改造，希望能够将空间进行重新规划，打造出一个全新的民宿。

“鱼缸”起源于民宿主人俞刚名字的谐音，他希望客人像一条只有7秒记忆的鱼，能够在这里慢下来，忘却烦恼，只需享受当下的畅游。而鱼缸·花田美宿的整体设计也以鱼儿自由游动的动线来分区，让住进这里的人们能够体验到在不同空间内自在穿梭的感受。

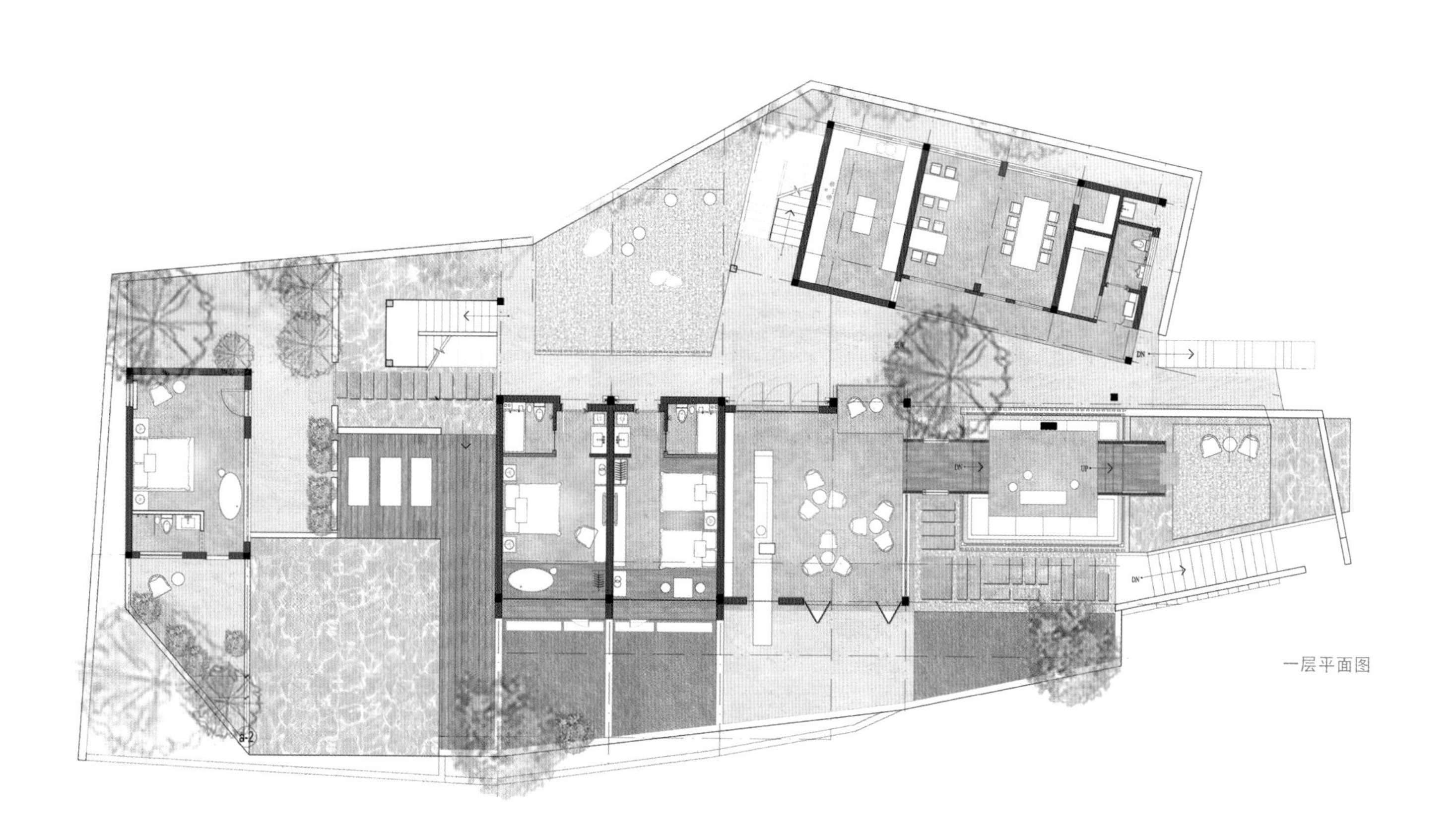

一层平面图

03

04

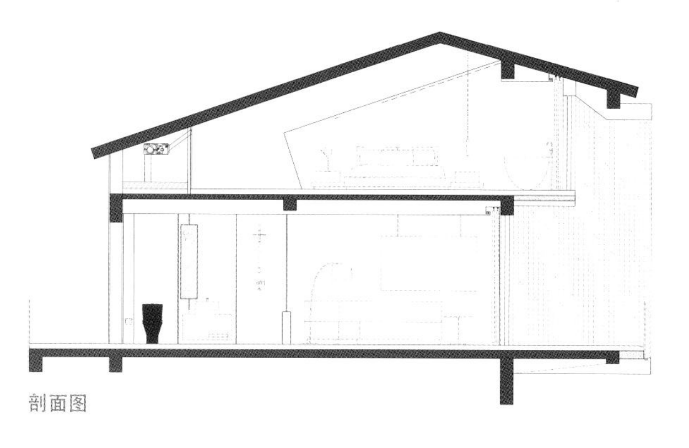
剖面图

建筑改造前原貌

03 / 民宿庭院

04 / 餐厅及外部景观

05、06 / 内厅休息区

立面图

理念与实现 鱼缸 · 花田美宿的建筑设计以极简为主，建筑线条流畅，剔除多余的装饰，从任何一个角度看过去都极具几何空间之美。原色木头精心打造的走廊富有节奏感，在阳光照射下能够呈现出不同的光影。整体空间规划以小区域功能景观来划分，通过一步一景的设计，将小面积的民宿空间变得有趣生动。户外的休闲空间铺满白色石头，将活动空间与居住空间分隔开来。

接待大厅分成两块区域：接待中心和阳光玻璃房。设计师希望入住者视线所及之处皆是莫干山的山野绿色，即使不走出室外也能将山林景色揽入怀中，因此使用了大面积的落地玻璃窗和玻璃门，让满山翠绿近在咫尺。玻璃房承载着一天的阳光和影子，下沉式包围空间让温暖的感受更加浓郁，冬天来此，围着壁炉，拥着暖阳，与友人互相喝茶聊天，体验悠闲自在的生活。

房间内的大面积留白、原木家具、造型感极强的楼梯、床、电视柜将空间装饰得恰到好处，纵横交错的楼梯以及开小窗口的楼梯充满了趣味性。楼梯之间、室内室外，仿佛交融在一起，于是每个转角、每道走廊、每个平台，都成了不可错过的风景。

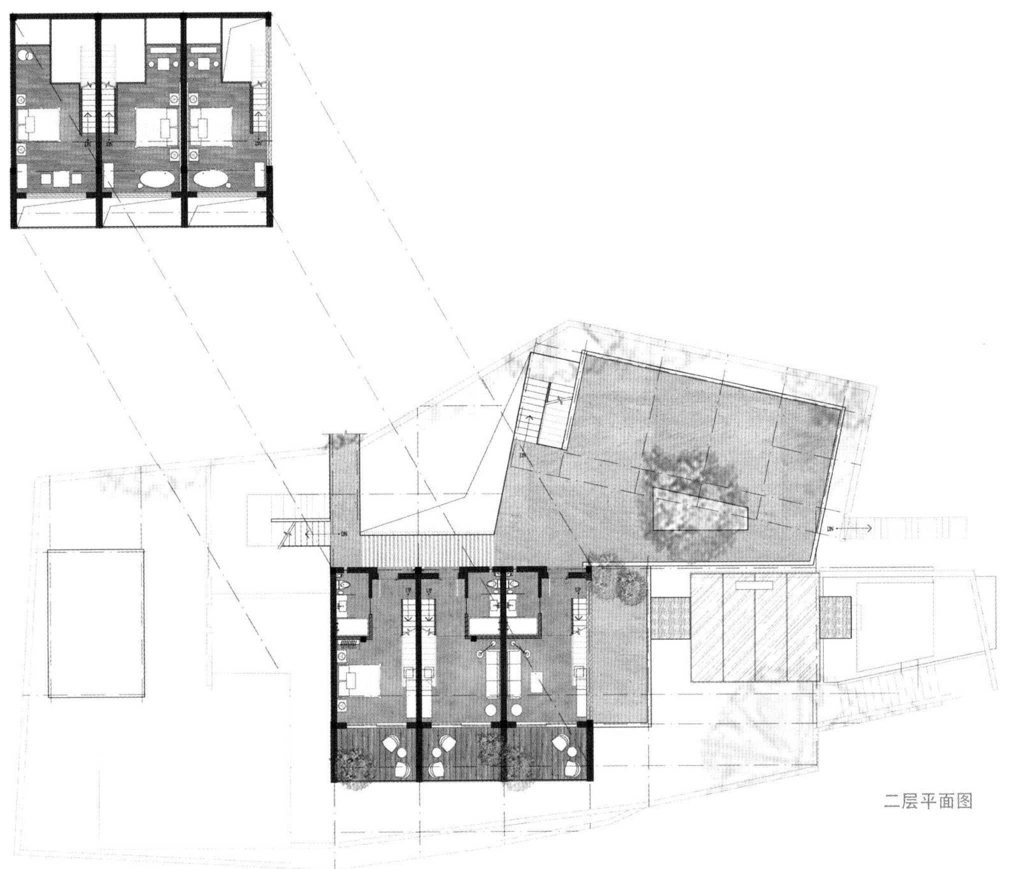

二层平面图

07 / 观景台

08 / 简明素雅的客厅

09 / 纯白色的客房

设计师在观景平台上运用了“天圆地方”的概念，当人坐在椅子上，视线穿过墙体框出的景色框，满眼都是一片碧绿的竹林，前方的水池将竹林景色倒映其中，融合成一幅美丽的山水画，仿佛与自然在进行一场有趣的对话。透过圆形的门，人们能够看到远处的茶园，这道门还通往餐厅及院子，美观又不失其功能性。设计师还特别设置了一片户外吧台，一年四季都可以欣赏到不同的花田景观。

乡建与情怀 鱼缸·花田美宿有6间客房，命名为鲛、鲟、鲑、鲸、鲲、鲤，主人俞刚希望来自全国各地的客人，能够像小鱼一样，进入这个“鱼缸”空间之后可以放下烦恼，愉悦自在地游弋。希望在城市里失眠的朋友，一来到这儿，便忘却一切烦恼，做一条仅有7秒记忆的、无忧无虑的鱼儿。在露台的竹林边开一场派对，喝一杯鸡尾酒，度过悠闲的时光，让你在山里感受到不同于城市的生活，享受美丽的田园景色。

中国浙江省湖州市德清县
Deqing County, Huzhou City, Zhejiang Province, China

莫干山隐西39精品民宿
In Season 39 Boutique Guest House

- 项目面积
  1200 平方米 (1200 square meters)
- 设计
  沈勇 (Shen Yong)
- 摄影
  袁望成 (Yuan Wangcheng)

01

02

诗意与自然 莫干山隐西 39 精品民宿地处浙江省湖州市德清县莫干湖畔，对河口村西岑坞姚家 39 号，近石门坑村，处在西岑千年古道环线上。莫干湖被群山环绕，周围有上千亩翠绿山竹围绕，有数不清的珍贵树木，群峰叠嶂，竹海连天，翠微葱茏，远处不时传来翠鸟的鸣叫声。除了这些，隐西 39 精品民宿门口还有一道约 3.3 米宽的溪流，溪水清澈，长年不断。

原宅与改变 原建筑属于莫干山当地的传统民居，具有江南民居独特的建筑风情，自然环境友好而融洽。但是传统工艺和结构的局限性也是显而易见的：土坯墙保温性好但难维护，尤其山里气候潮湿，更是容易损坏；这里雨水充足，传统民居屋顶坡度更大，因此二楼最高处和最低处的落差值极高，造成室内高处不保温，低处不透光，很多民居的二楼居住体验都很差，冬冷夏热，窗户低窄小，采光通风都不理想。新的民宿则要改变这种现状，要符合现代人的居住要求，还要有其他配套的娱乐

01 / 竹林深处的建筑全景外观

02 / 背靠竹海的阳台

03 / 山石垒造的院门建筑外观

04 / 雪景中的建筑全景

改造前旧屋楼梯

改造前旧屋木质房顶

设施。

理念与实现

隐西的名字取自“隐居西岑坞”之意，“39”则是来源于原宅建筑在未改造之前醒目的39号数字，业主希望民宿能够实现人们追寻自然，隐居西岑坞的愿望。

民宿共设水院、山院两个部分，水院有6间客房，公共区域设置接待大厅、阅览室、餐厅、阳光泡池、观景凉亭；山院有9间客房，公共区域设置餐厅、独立户外泳池、儿童乐玩沙滩、户外林间休闲区和观景露台。水院建筑主体由老民居改建而成，保留了基础的木质梁柱框架和部分土坯墙体。山院建筑为全新建筑，框架结构，总高10.5米。

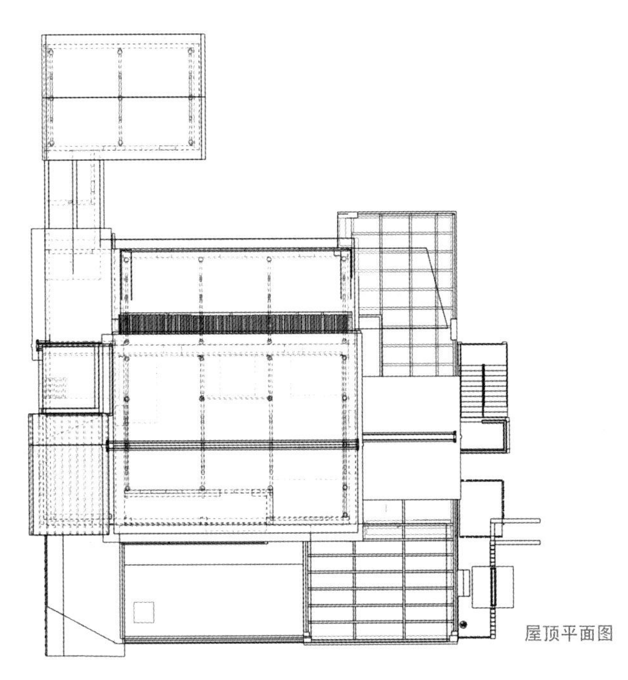

屋顶平面图

东立面图

北立面图

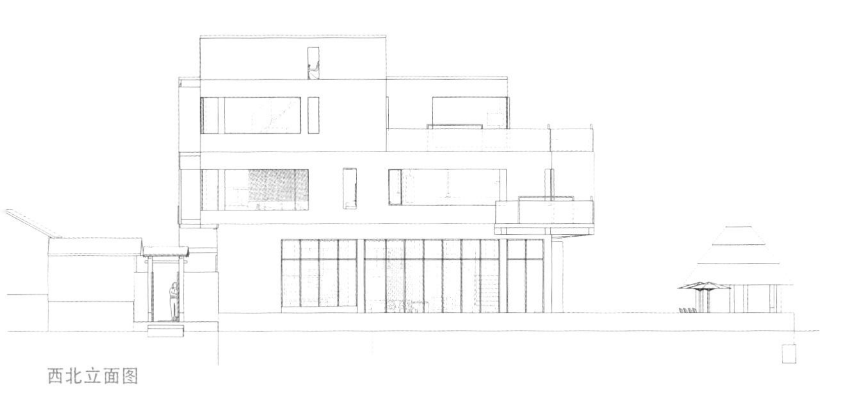

西北立面图

西南立面图

隐西 39 精品民宿定位为舒适通透，具有现代时尚简约风格和禅意风格的民宿。原有的传统民居因结构陈旧不适合现代人的生活方式，因此，既要呈现传统民居特色，又要符合现代人的生活习惯成为民居改造的重点。为此，设计团队拆除了多余的砖墙，并细心丈量了十余米高、已经摇摇欲坠的木框架，将测量尺寸精准到厘米，同时研究了当地木工每一道工程工序，将房顶两侧抬升了 17°，使二楼的窗户重现宽敞的景观，每个房间的落地窗都能更多地吸收光线。项目在保留了莫干山传统夯土墙和木质框架风格特征的同时，整体更强调现代生活方式，为人们提供更为舒适的居住体验，此外还设置了地暖，以满足旅客的住宿要求。

05 / 视野开阔的公共区

06 / 竹林晚宴

07 / 在餐区可以欣赏竹林美景

08 / 木质风格的餐区

09

10

乡建与情怀 设计师希望建一座能敞开呼吸的建筑，设计理念强调建筑与环境的和谐关系，隐西39精品民宿清新的空气、满山葱茏，以及潺潺的溪水声，让体验者感受到自然变化带来的环境、色彩、温度、声音的极致体验。隐西39精品民宿是当下，是应时，住在这里，还能随时随地感受到四季的变化。对自然充满尊重，与草木同生，这恐怕就是对天人合一的一种理解吧。

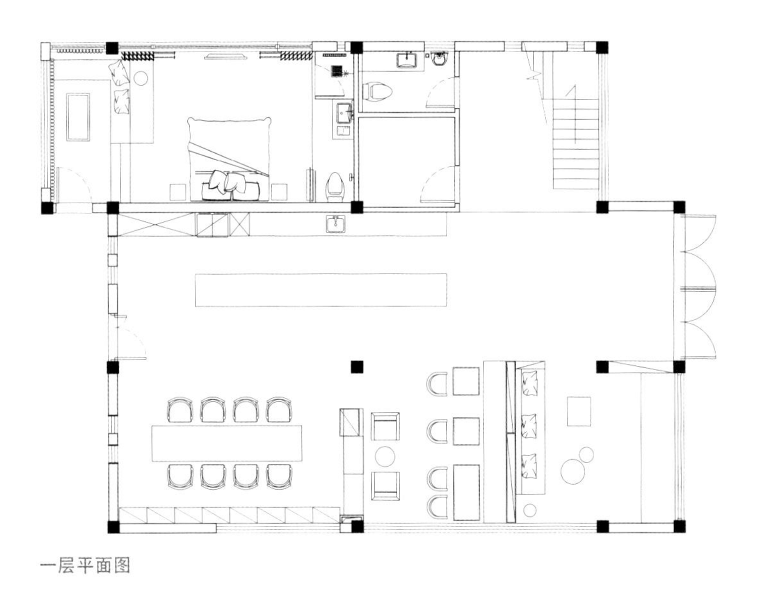

一层平面图

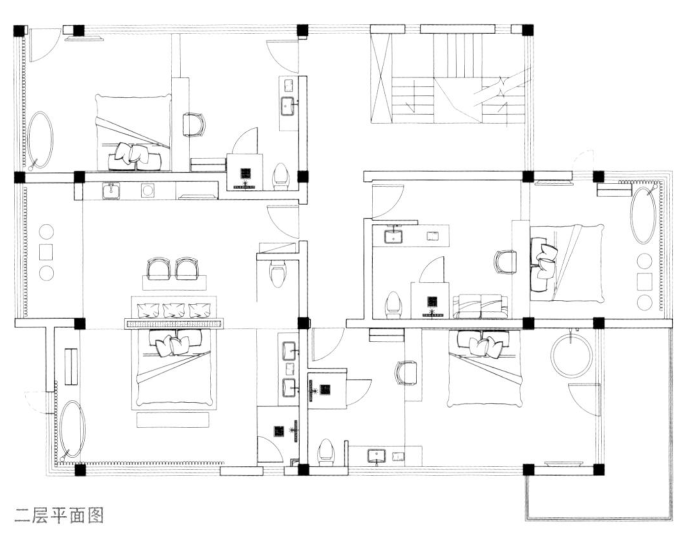

二层平面图

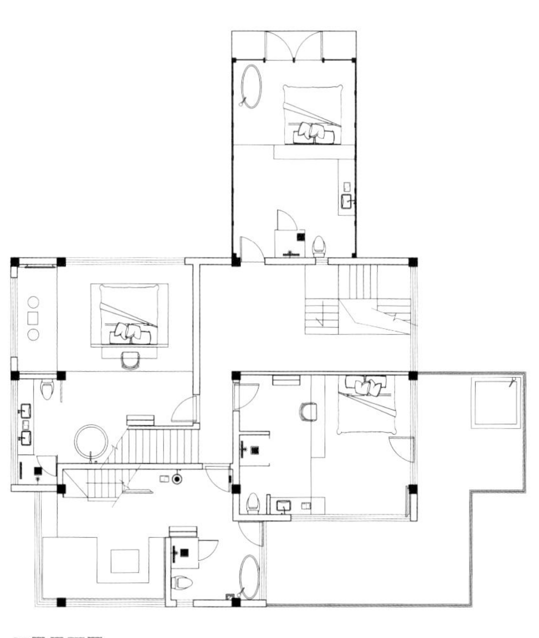

三层平面图

09 / 花开大床房 “四季不知春”

10 / 苔绿景观房

11 / 田园复式星空房

12 / 天青地台榻榻米房

中国浙江省丽水市松阳县

Songyang County, Lishui City, Zhejiang Province, China

飞茑集·松阳陈家铺

Stray Birds Art Hotel in Songyang Chenjiapu

- 项目面积
  300 平方米（300 square meters）
- 建筑设计
  杰地际加（杭州）建筑设计事务所（gad·line+studio）
- 主持建筑师
  孟凡浩（Meng Fanhao）
- 室内设计
  玮奕国际设计工程有限公司（Wei-Yi Design）
- 摄影
  杨光坤（Yang Guangkun），
  苏哲维（Su Zhewei）/ 存在建筑（Arch-Exist），史佳鑫（Shi Jiaxin）

改造前建筑原图

02

01

诗意与自然

“西归道路塞，南去交流疏。唯此桃花源，四塞无他虞。”自古以来，松阳便被誉为“最后的江南秘境”。在距离松阳县城 15 千米的大种山深处，古村陈家铺悬于山崖峭壁之上，三面环山，面朝深谷，云雾缭绕，距今已有 600 多年历史。陈家铺村依山而建，沿山体梯田阶梯式分布，上下落差高达 200 余米，整体呈现出典型的浙西南崖居聚落形态。近百幢民居多为夯土木构建筑，保留了完整的村落空间肌理和环境风貌。

原宅与改变

设计团队的任务是对位于村落西南侧的两栋传统民居进行改造。两栋民居是典型的浙西南山地民居，三面夯土围合，一面紧靠毛石挡土墙，内部屋架为传统木结构。机动车辆到达村口便无法前行，步行约 300 多米可抵达项目场地，但是村道蜿蜒曲折，石阶上下崎岖，路面最窄之处仅供一人通行。由于陈家铺村是松阳县的历史风貌保护村落之一，松阳政府对于传统历史保护村落的风貌控制有着非常严格的条例要求。而项目业主则希望改造后的空间兼具体验感和舒适性，以搭配外部的优美风景。

理念与实现

在整个设计建造过程中，建筑师们始终遵循两条平行的路径：一是对松阳民居聚落的乡土建构体系展开研究，梳理与当地自然资源、气候环境、复杂地形、生产与生活方式及文化特征相适应的空间形制和稳定的建造特征，为保护传统聚落风貌提供设计依据；二是运用轻钢结构体系和装配式建造技术，植入新的建筑使用功能，适应严苛的现场作业环境，满足紧迫的施工建造周期，同时提供较好的建筑物理性能。

01 / 项目所在地航拍图

02 / 二层悬挑的玻璃体量，作为室内空间的延伸，又能更好地收纳峡谷景观

03 / 改造后外观，与自然呼应

04 / 运用传统手工技艺修复还原土墙

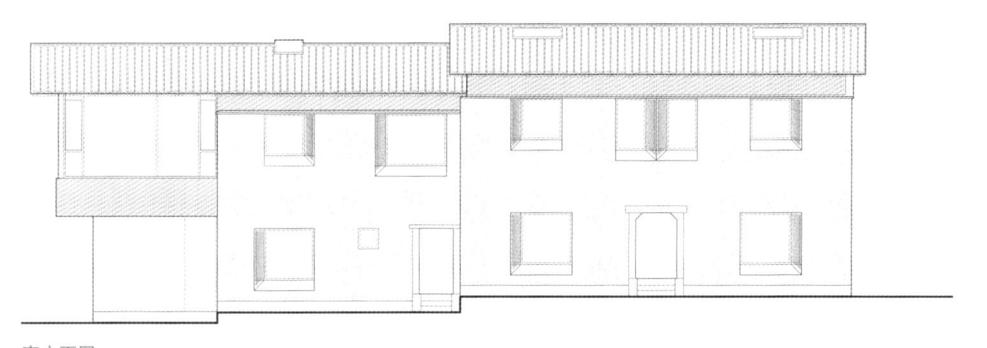

南立面图

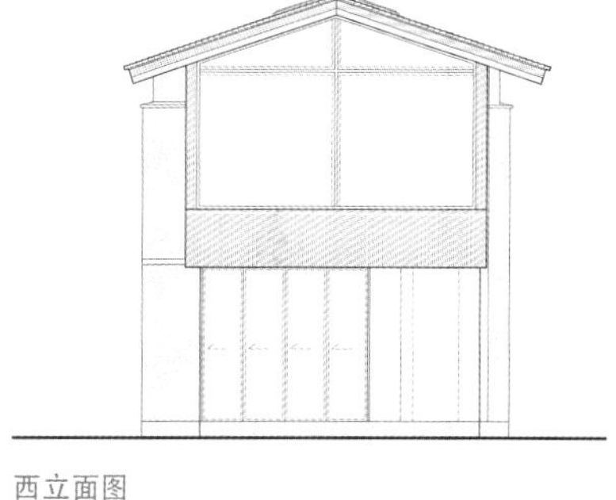

西立面图

两栋民居的夯土墙体保存较为完好，设计师将其整体保留，原有建筑的内部空间格局狭小，木屋架也已年久失修，拆除后，植入新型轻钢结构，并将新结构与保留的夯土墙体相互脱离，避免土墙承受新建筑的受力荷载。

原有老建筑的层高低矮逼仄，无法满足现代居住空间的需求。因此将原有建筑屋面整体抬高，合理分配上下两层的空间，为人带来舒适的居住体验。一号楼的最西侧，原有的砖砌柴房已坍塌破损，荒草丛生。设计团队依照原有宅基地范围进行修建，并在二层悬挑出一个玻璃空间，既可以作为室内空间的延伸，又能更好地收纳峡谷景观。

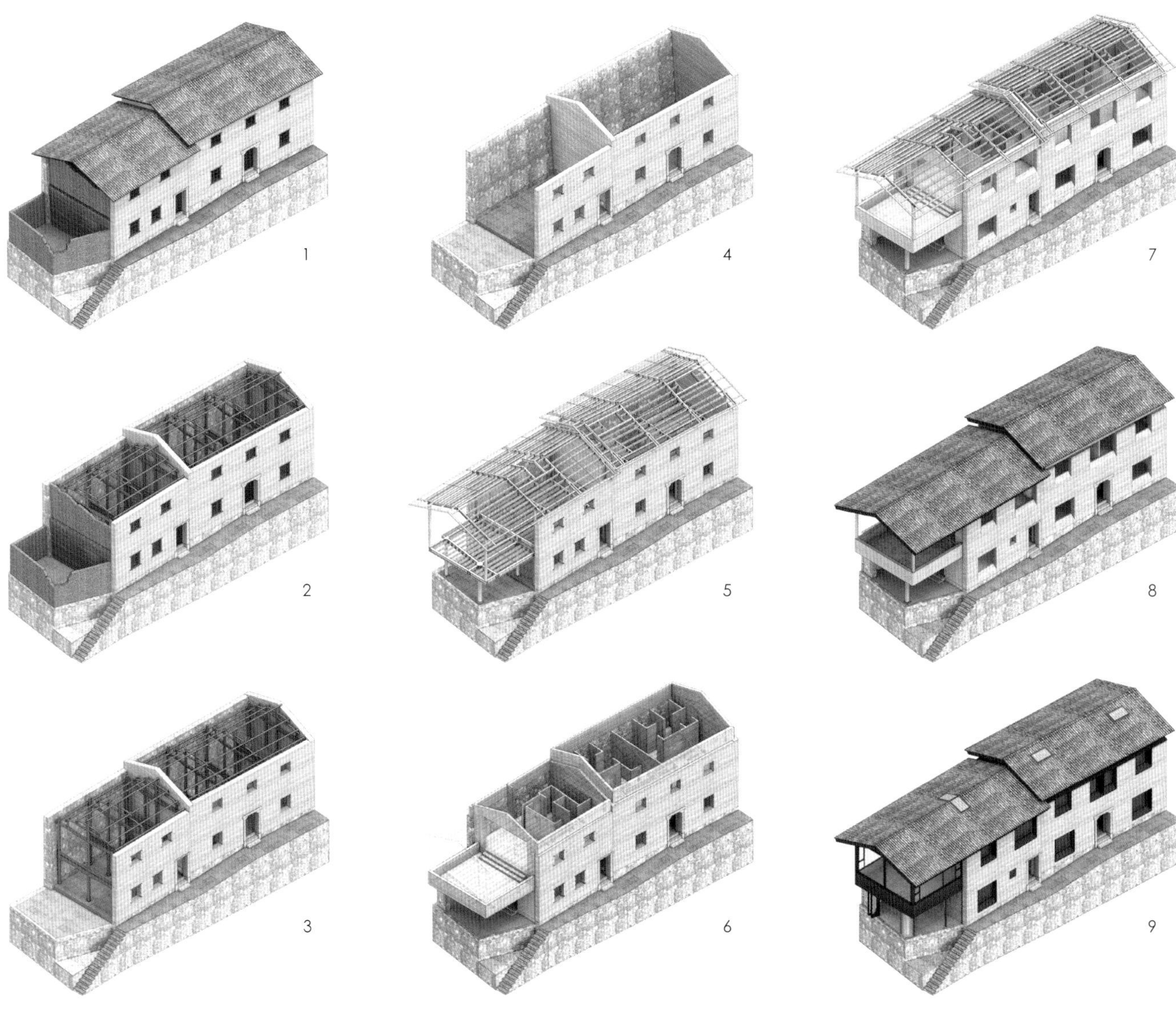

设计生成分解图

05 / 悬挑的玻璃空间，回应自然

06 / 客房空间开阔，风景优美

07 / 客房内景

08 / 毛石墙修复

06

07

08

改造方案采取建筑与室内一体化的设计施工方案，因此室内的隔墙、楼梯、管线预埋等均可以在工厂预先加工完成，现场装配组装，保证施工精度。室内墙体以C型轻钢作为龙骨，金属网板支模，内部填充EPS发泡混凝土。自重轻，保温隔声效果好，施工便捷。

为了最大程度地保留原有墙体，土墙与新建结构脱离，避免土墙承重；由于室内高度增加，二层屋面整体抬升，檐口以下的新建外墙以幕墙形式外挂，受力于主体钢结构。当地农民施工队运用传统手工技艺修复还原土墙，室内墙面喷涂保护层。原有的外墙入口门洞以及石头门套被完整地保留下来。

村庄内的乡土民居顺应地形地貌，依山而建，多数房屋背靠山体，直接采用毛石砌筑的护坡挡墙作为围护外墙，设计团队希望能够保留这一展示地域建造特点的构造。对存在结构隐患的石墙修缮加固，确保结构稳定性；山地土层含水量高，石墙会出现渗水现象，在基础施工阶段，预埋排水管起到引流作用。石墙内部做灌浆处理，填补缝隙，刷防水涂层，营造舒适的室内居住环境。

传统民居的开窗洞口较小，无法满足客房室内空间对于光照、通风和景观等方面的需求。为了改善建筑内部的光照环境和景观视野，设计师对原有门窗洞口进行了扩大处理，安装现代门窗系统。确保外围护结构的密闭性，增强保温隔热性能。特意选用了特殊设计的铝板穿孔窗框，既能提供室内通风，又保证了外立面简洁统一。

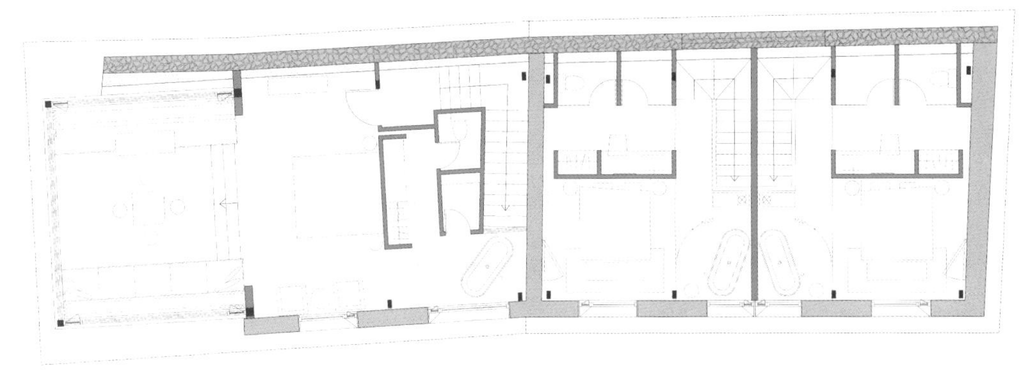

二层平面图

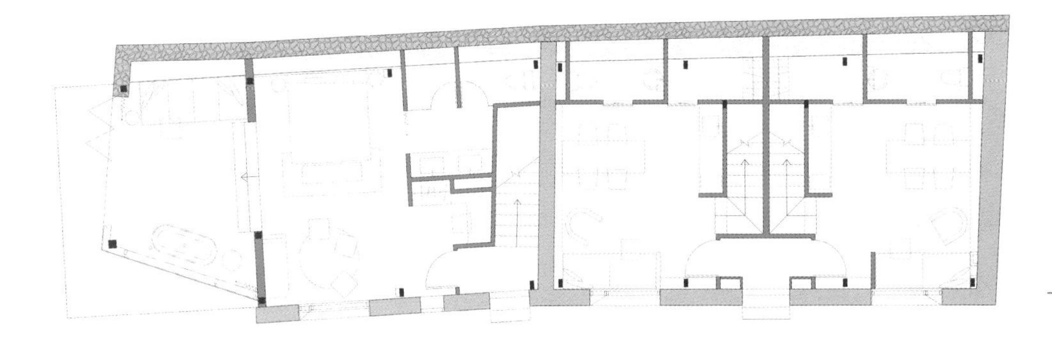

一层平面图

对于室内空间，为了让度假休憩者能够体验农村居所特色，设计团队以水泥质地处理，巧妙地结合了老建筑物的夯土及旧石墙结构，将农村纯朴的氛围特质通过材质表达出来。

部分木材的运用，以简约的线条来表现材质之间细腻的碰撞。与窗外错落的青山做呼应，表现出农村居所的雅致，同时也增加了空间的暖度以及温润舒适的空间营造，利用开阔通透的空间，让习惯都市快节奏的游客，放缓脚步，与自然共存。

乡建与情怀 传统历史文化村落保护的目的是促进其更好的发展，在严格控制风貌的同时仍需满足新业态的功能，乡村的发展不仅要面对自然环境和传统文化，也要营造符合现代化生活需要的高品质空间，设计团队在本次改造中尝试将传统手工技艺与工业化预制装配相结合，轻钢结构在建筑内部为现代使用空间搭建了轻盈骨架，而传统夯土墙则在外围包裹了一层尊重当地风貌的厚实外衣。同时就地取材，对旧材料加以回收再利用，实现了“新与旧、重与轻、实与虚”的对立统一。

09 / 床顶部的屋面加设天窗

10 / 客房内景

11 / 客房内景，呼应外部风景

12 / 一号楼一层客房

中国浙江省杭州市玉皇山路 8 号
NO.8 Yuhuangshan Road, Hangzhou City, Zhejiang Province, China

别止
Besides Hotel

- 项目面积
  600 平方米 (600 square meters)
- 设计
  赵迦 (Zhao Jia) / 究境建筑 (9 Architecture Studio)
- 摄影
  王闻龙 (Alexander Wang)

01

诗意与自然 别止坐落在杭州西湖附近，在一片民居的角落里，周围山林围绕，景色清幽。院子有 240 平方米，“择一别院，居止而歇”是民宿命名的用意。

02

01 / 民宿正面外观

02 / 民宿里有一处小庭院

03 / 从庭院休息区看到的民宿一角

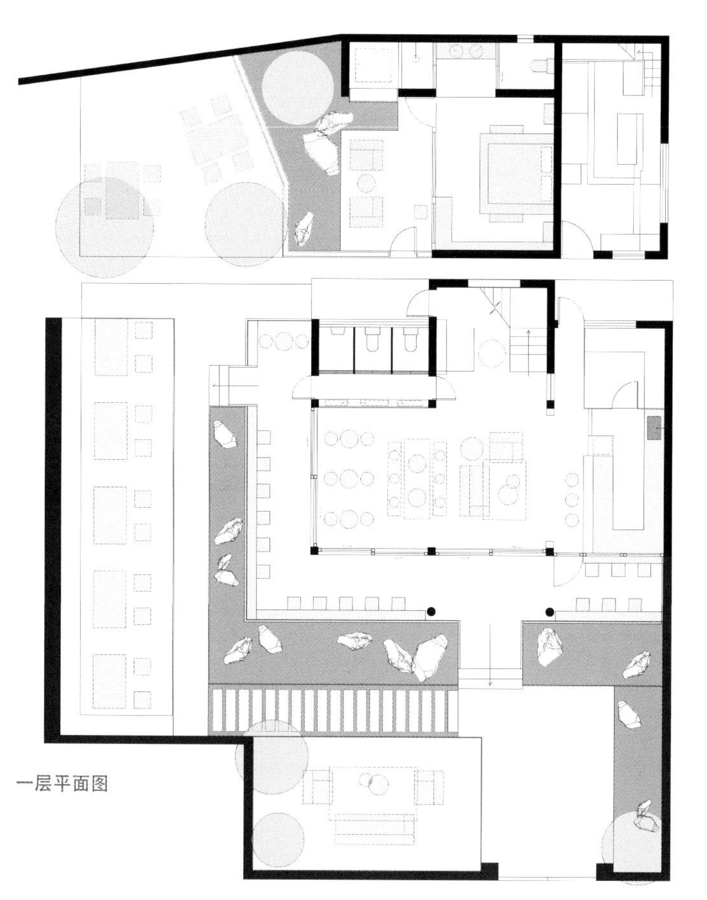

一层平面图

原宅与改变　“别止”的主体建筑原宅是一栋带有阁楼的两层自建房，建于 2000 年初。主体建筑后面还有一个小偏房，被单独建成了一个私密的带院子的客房，房间内大部分家具采用搭建的方式完成，同时解决了小户型房屋的空间分割与家具使用的问题。而整体的建筑意向则从“石”出发，寻找空间的“永恒感”。

理念与实现　“别止”从“石”“镜”“木”等元素出发，打造出属于自己的独特意趣。

设计师使用了大量的石头，以简化的山水去表达人与山林和自然的关系。湖石、卵石、石砾、石板、石漆、石亭、石灯分布各处，整个空间仿佛沉静下来，“石”坚实不碎，让人感到“永恒”。设计师通过对“石”的运用奠定了整个场所及室内的基调，大地色在光线下更显温润。“石”被苔藓簇拥，在石砾中成为小场所，如一屿、一湾、一小片大陆，雨润日晒在其上留下痕迹，让人仿佛能看到时间在上面走过的脚印。

04

05

04 / 绿树掩映下的庭院

05 / 舒适的室内咖啡厅

06 / 洗手池

07 / 由火山岩制成的浴缸

“镜”原以铜或铁铸，未经过度加工的铜料，会在人的触碰之下愈久愈亮。在别止，手敲的铜镜与玻璃镜面散布在整个空间的居室里、水台上，空间在镜内镜外同时存在，在永无止息的折射里，几何图案不断地重复、层叠，时间和空间仿佛都成了“永恒”。

在别止，木垒成台，人席地而坐，席地的传统座席方式转变成客房里闲散慵懒的生活状态。而随着年岁的流逝，桧木的香气会逐渐散发出来，历久而弥香。

08、09 / 透过卧室的玻璃窗可以看到窗外郁郁葱葱的景色

10、11 / 极简风格的卧室

10

11

框而成像，自然成景。山林围绕，就可以坐享四季；樟木为穹，星空为帐，就可以感知交替。别止对景开窗，大面积层叠的绿色成了居室的背景，小方框内的景色也是一直在变化的自然。灰色的线条勾勒图框边界，把这片山林真实地放在人面前。

专门为房间搭建的家具成为案台、课桌、茶几、台阶、水台，也变成每个空间纵横的立体布局，在空间内形成边界，让人探索简居的生活形态。它是家具，又是建筑的一部分，可以使用，也可以是墙或地面，它界定了有限空间内的区域，使之井然又多变。

乡建与情怀

在别止民宿里，客人们能够在家庭式的客厅、咖啡厅和庭院里享受交流，人与人之间可以交换关于旅行、关于生活的感悟，在静谧安宁的乡村氛围里，体验悠闲的慢生活。

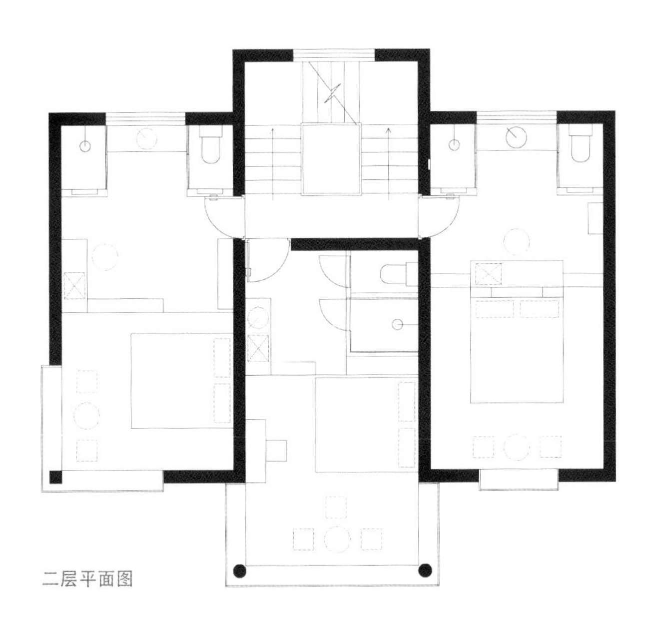
二层平面图

三层平面图

中国浙江省湖州市德清县莫干山
Mogan Mountain, Deqing County, Huzhou City, Zhejiang Province, China

看见远方 • 莫干民宿
See Faraway Mogan Hostel

- 项目面积
  460 平方米 (460 square meters)
- 设计
  王喆仡 (Wang Zheyi)
- 摄影
  王喆仡 (Wang Zheyi)

01

02

诗意与自然 这间民宿位于中国高端民宿的发源地——浙江省莫干山的紫岭村梅皋坞，背靠莫干山主峰，面朝小山村，占据着梅皋坞自然村的最高点。从看见远方的基地望出去，紫岭山横亘眼前，竹海翠郁浓荫。在这里，白天，青山与村落融为一体；夜晚，虫鸣和星辰琴瑟和鸣。

原宅与改变 "看见远方"是由老房子改建的，改建基于老建筑的原有格局，并且要营造家庭氛围。因此，从一开始设计师便刻意将房间数控制在 3 间，但相应地扩大了公共区域的使用空间，以期为今后入住的客人提供更丰富的度假生活体验。比如中、西厨房分置；比如虽然只有 3 间房，但还是配了不小的泳池；除客厅、餐厅外，还为客人们配置了室内多功能活动区域、室内茶空间、室外烧烤区域、室外休憩亭等，功能空间颇为丰富。

01 / 建筑外观

02 / 花园里的泳池

03 / 午后的花园

03

改造前的老房子

理念与实现 如何通过民宿表达本地文化，是设计团队在改造过程中的重中之重。莫干山所在的中国江南山地的乡村文化，正是最为基础的本地文化，自然也成为民宿所要表达的重心。除此之外，莫干山地区近年来形成的欧式度假习惯也成为本地的特点之一，设计师兼民宿主同样非常喜爱这两种风格的碰撞。

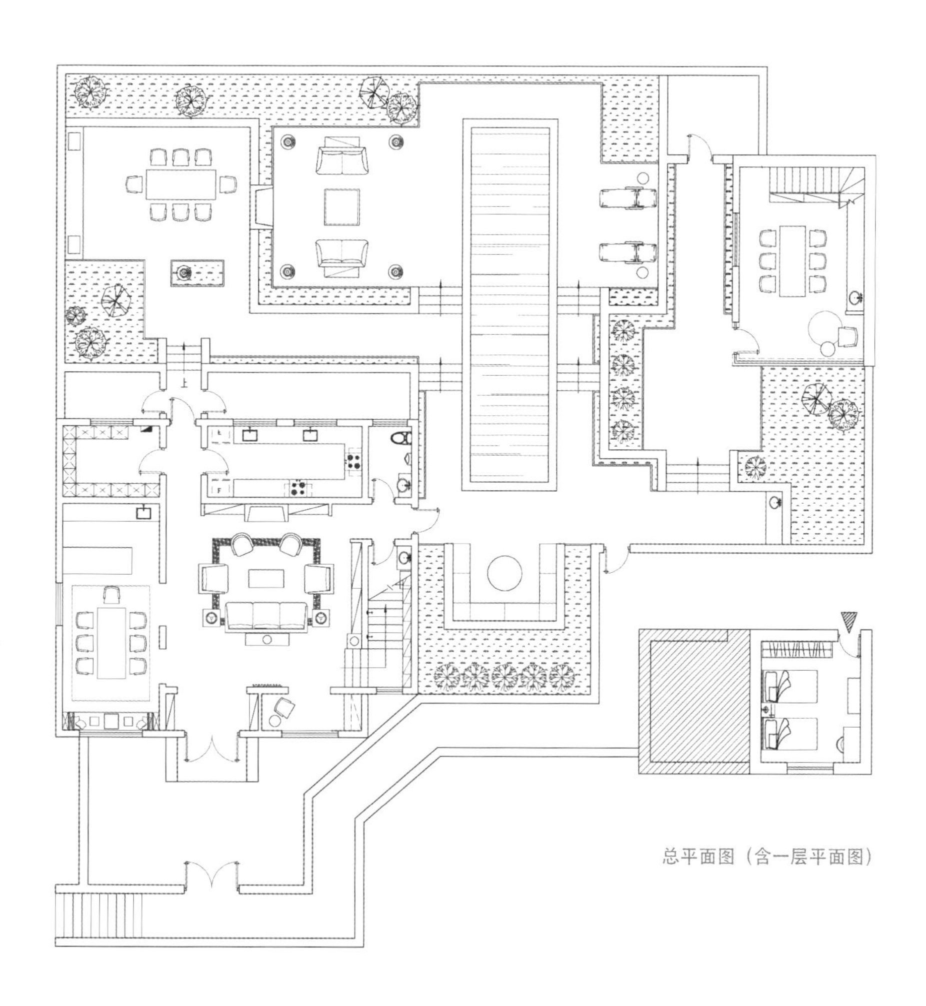

总平面图（含一层平面图）

04 / 午后的客厅一角

05 / 客厅墙上挂着主人亲手挑选的挂画

06 / 舒适的客厅休息区

07 / 餐厅

在改造中，如何让建筑低调地融入这个村落成为关键。因此民宿使用了大量粗粝的建筑材料，很接地气，都是江南山村祖祖辈辈造房子的那些材料，如石块、木头、土墙等。设计师通过对材料的运用来表达对江南山地乡村文化的敬意，在室内空间随处可见的土墙、老木头和老石块被精心布置，很好地融入了民宿的氛围。

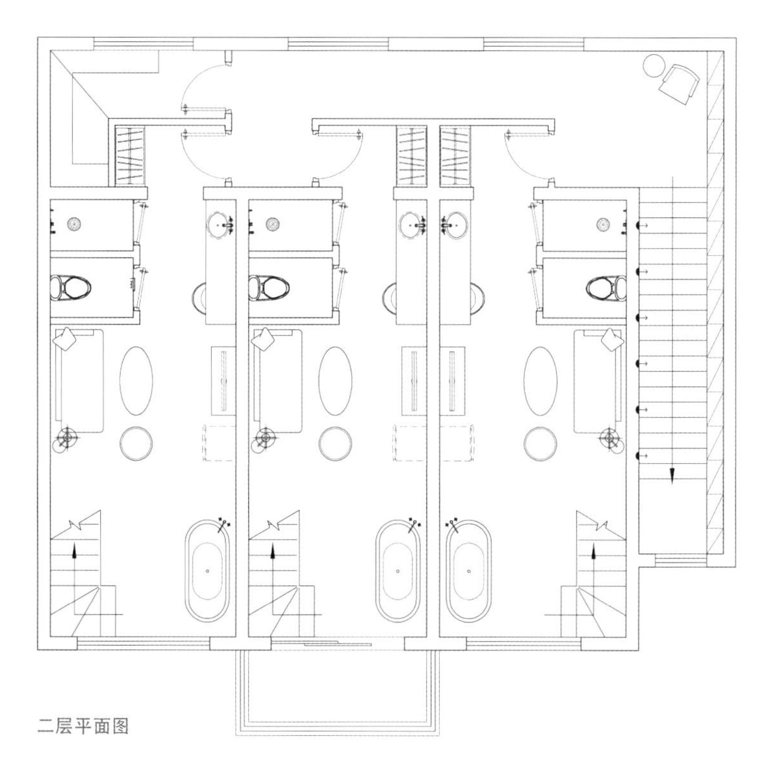

二层平面图

而对于西方式度假文化的利用，则得益于身兼设计师的民宿主人在十几年里对世界上数家小型顶级酒店的持续研究与体验，从中获取了大量对西方式度假的理解，因此对民宿所用的家具、灯具、器物等的运用得心应手，在舒适度及美感上都颇有亮点，而民宿中大量的软装、摆饰品以及细节处应用的瓶瓶罐罐都是其游历世界各地带回来的，客人任意拿起一件把玩，都能从中感受到不同文化带来的细节之美。

08

09

10

08 / 向上延伸的楼梯和书柜

09 / 客房“山村”二层的休憩区

10 / 客房“山村”的一层空间

11 / 夕阳照进“山村”一角

12 / 客房“紫岭”的二层空间

13 / 夜幕下客房“读书”的二层空间

11

三层平面图

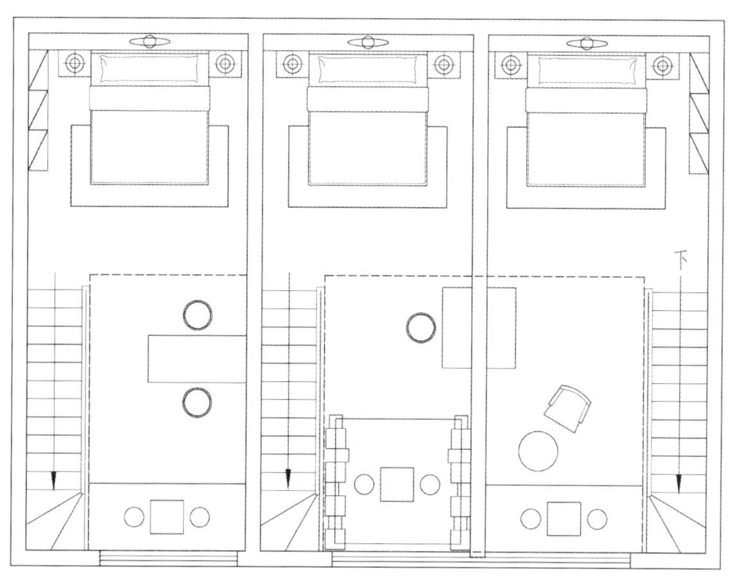

乡建与情怀

民宿主人认为：民宿的情怀非常重要，除了本地文化之外，这是客人来到此地度假体验的重要理由，只有主人发自内心地喜欢，他才有可能慢慢地把这个民宿做到极致，慢慢凝聚钟爱它的一群客人，从而慢慢打造叫作“口碑”的东西。

12

13

中国重庆市
Chongqing City, China

重庆南山里民宿
Nanshanli Hotel

- 项目面积
  2045 平方米 (2045 square meters)
- 设计
  鳞见设计工作室 (Linjian Design Studio)
- 摄影
  鳞见设计工作室 (Linjian Design Studio)

01 / 客房融进大山的轮廓，拥抱自然

02 / 餐厅西侧外立面

03 / 屋顶轮廓，塑造出一个介于自然和建筑之间的轮廓

诗意与自然 提到重庆，就会想起这座城市最著名的特征之一：地形的高差起伏和多变。重庆是一个极为立体的城市，蕴含着无数可能，而南山里民宿就在南岸区的山里，所以取名南山里民宿。民宿周围植被茂密，自然环境层次丰富。

原宅与改变 民宿的原宅是一处占地面积约 13 000 平方米的独立老院子，其中的建筑都是 20 世纪末的老房子，系多个单体建筑，因此对老旧建筑的改造成为设计师们面临的最大挑战。在改造中，设计师们的灵感源自大山的轮廓、树梢的轮廓、云朵的轮廓、天空的轮廓，他们希望能再塑一个介于自然和建筑之间的轮廓线，给大山一个新的层次，给建筑一个更拥抱自然的体验感。

改造前建筑原貌

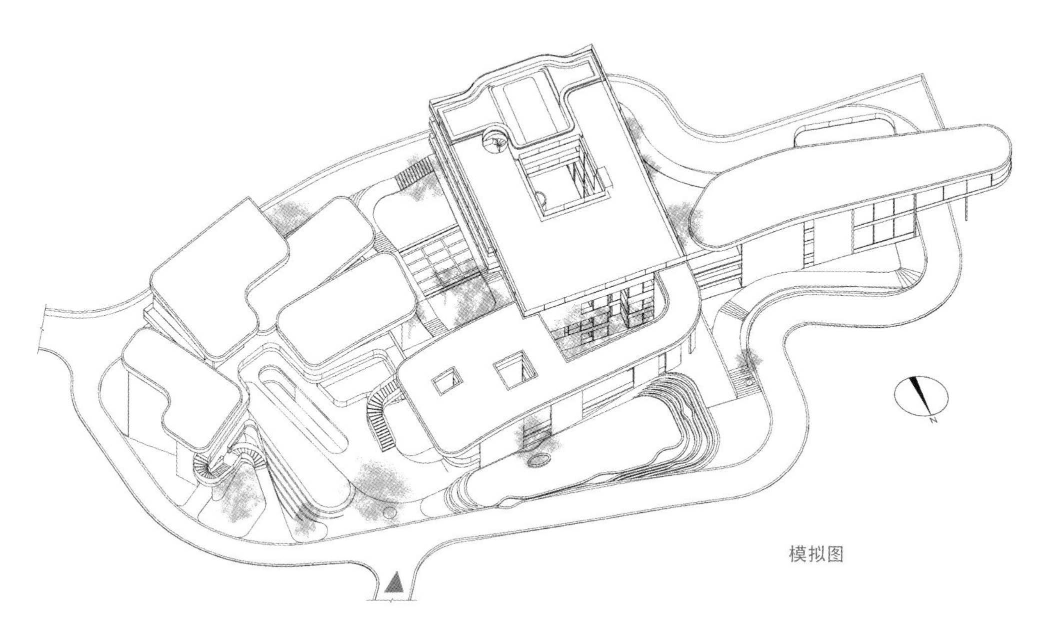

模拟图

理念与实现 项目地块位于重庆市南山南岸，南北地形的高度落差约有13米。项目入口在北侧，南侧远眺视野极佳，所以设计师们第一步就是利用好地形高差从而取得最佳视角。由于原有的单体建筑群各自为政，无论是建筑高度、建筑角度还是前后位置关系都差异极大，完全没有规划可言，也缺少整体的连贯性，实际使用和空间感受都受到极大的局限。因此，除了梳理各处的空间关系之外，设计师们的改造重点集中在为这些建筑们增加室外连廊上，通过连廊的架设来串起所有的建筑，从而起到连贯功能空间的作用。

03

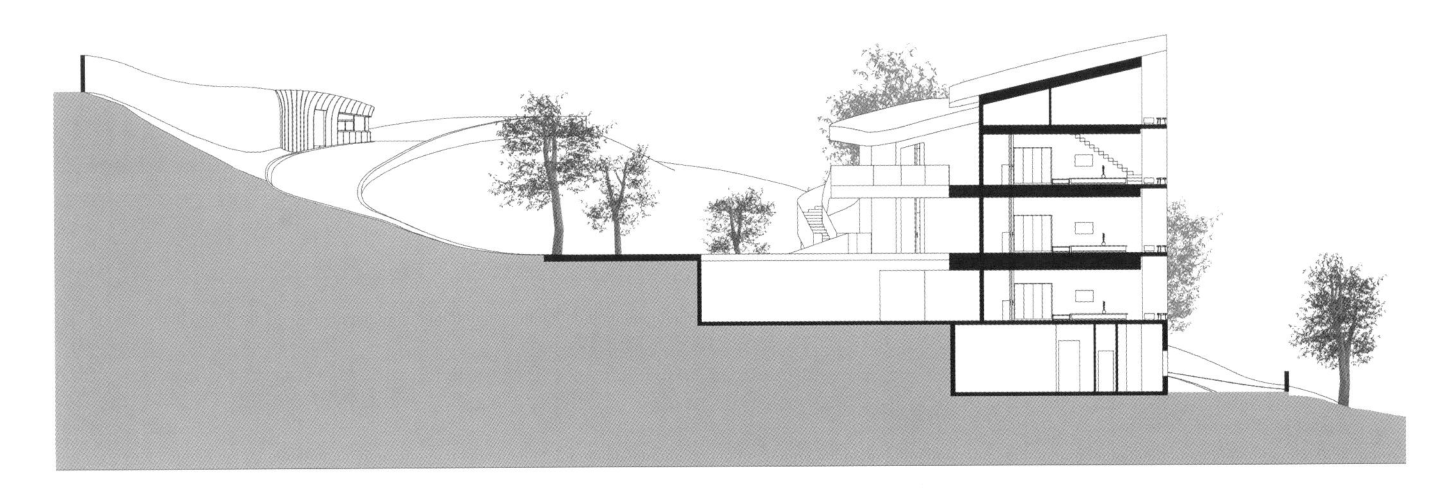

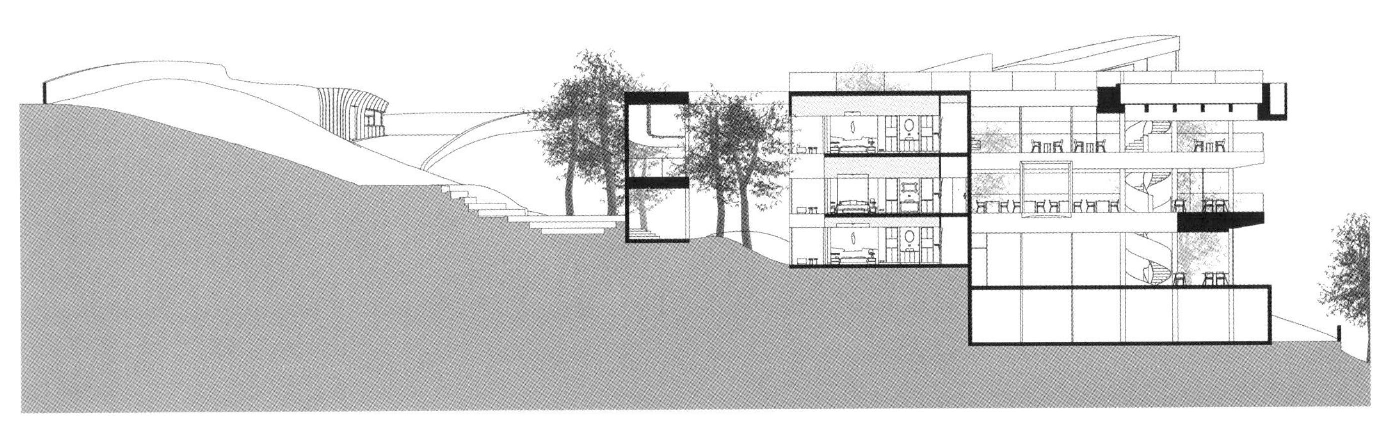

剖面图

04

05

04 / 连廊一角

05 / 干净简洁的建筑外观

06 / 客房北立面

07 / 室外连廊一角

除了梳理每处的空间关系以外，设计师们的改造动作主要集中在“加一个室外连廊”上，让它从功能上串起所有建筑。连廊打造出南山里的动线，客人可以从大堂出发，不需要经过任何踏步楼梯就能到达建筑的任意位置，从而自由穿梭在各个建筑间、树梢里，像鱼儿一样在建筑和树梢之间游动，享受到愉悦自由的体验感。

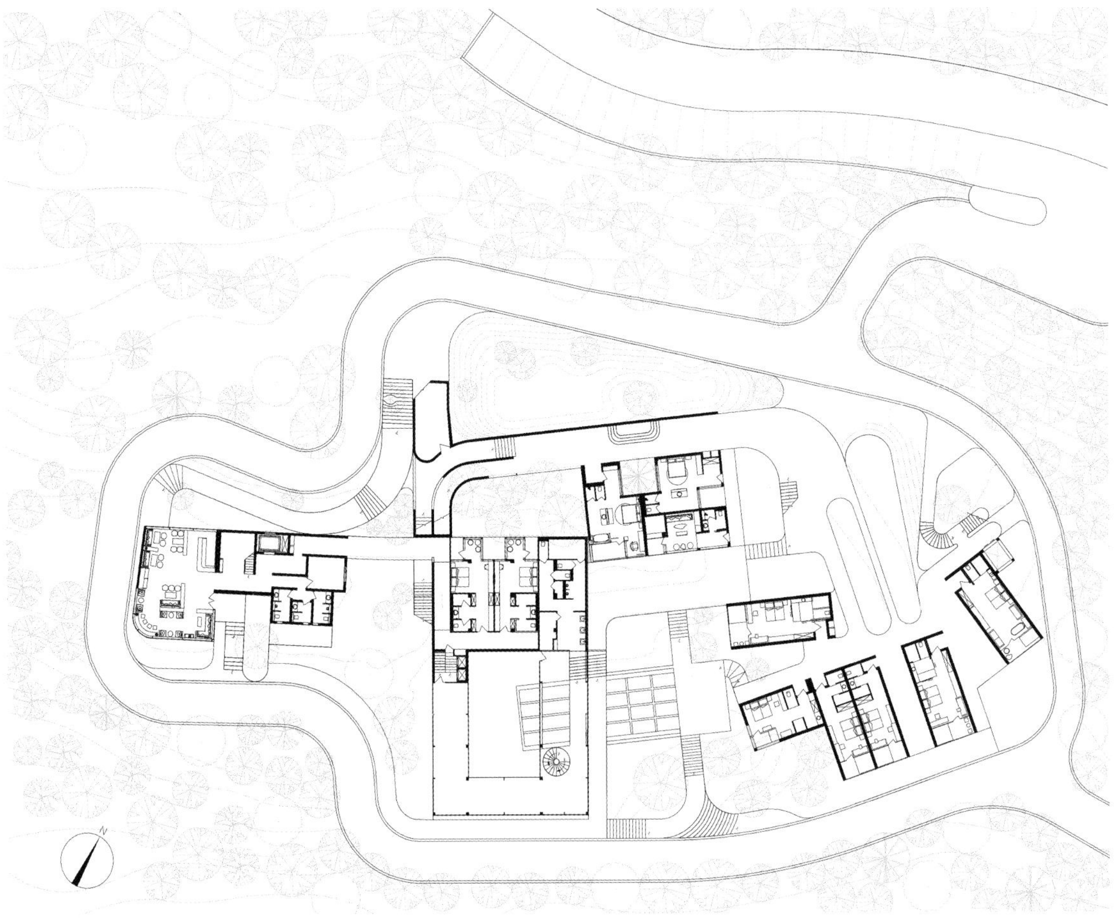

一层平面图

08、09 / 连廊内部

10 / 餐厅中部的天井空间，享有极好的自然景观视野

11 / 通透的餐厅室内空间

10

11

作为一处民宿，客房的体验感是最核心的空间感受之一，设计师们希望每间客房都能有拥抱自然的感觉，让使用者感受到自己的房间就是山林的一部分。为了得到尽可能通透的餐厅空间，设计团队为民宿中部打造了一个室外天井，从平面构成了一个“回”字形。客人入住其中，不管在哪个房间，都能最大程度地感受自然的环抱，拥有能够极目远眺的良好视野。在民宿的公共空间，各个角落都设置了小景，走在其间的人随时可能面对一个小小的惊喜。

乡建与情怀

在南山里民宿，植物和建筑融为一体，植被包围建筑还是建筑包围植被的界限被模糊化，建筑语言和自然景观的融合，打造出一个供入住者休闲放松的绿色空间，在这里，人们可以暂时忘记烦恼，像一只鸟儿，游走在建筑和树梢枝头。

中国北京市怀柔区渤海镇六渡河村
Liuduhe Village, Bohai Town, Huairou District, Beijing, China

六渡河·自在家山民宿
Liuduhe Zizaijia Mountain Guest House

01

- 项目面积
  1680 平方米 (1680 square meters)
- 设计
  北京多向界建筑设计 (vague-edge Architectural Design)
- 摄影
  金伟琦 (Jin Weiqi)

诗意与自然 六渡河村位于怀柔辖区西北部，距离怀柔城区有 13 千米车程。秀美的怀沙河从村前潺潺流过，六渡河村的名字就是来源于这条清澈的河水。村子四面环山，风景优美，全村有 6000 多亩山场，4000 多亩板栗树，自然风景和物产都十分丰富。

01 / 六渡河村口
02 / 枣园院子
03 / 枣园南侧正面
04 / 枣园小木屋

02

03

04

理念与实现 设计师所选择的几处院子分散在六渡河村里，各具特色。由于每个院子的建设条件、周边环境都有所不同，所以从最开始，设计师的构想就没有考虑过用同一种风格样式将其统一起来，也并未刻意在形式上下很大的功夫，从建筑师的角度来说，这是一次不太专注于设计的“设计”。

第一个院子名为“枣园”，坐落在一个高台之上。此院不大，南边院外有几棵大槐树，在夏日时能遮蔽一半的阳光，为院子增添几分凉意。原宅建于20世纪80年代，房龄不算很老，只是水泥涂刷的外立面缺少特色，于是设计师将窗台全部打掉，改成落地玻璃，引导院子里的景观进入室内。房顶的红瓦亮眼而少见，因此，设计师将西边的杂物间加高，扩建为餐厅，并添置了红瓦铺装屋顶，使其与正屋统一起来。将东侧围墙拆掉一小截，安置了一个葡萄架式的亭子，为院中增添了一处夏天纳凉的去处，也使合院看上去更为均衡对称，成为供主人会友、雅集的空间，宽阔敞亮的大厅亦可根据需求转换多种功能。

总平面图

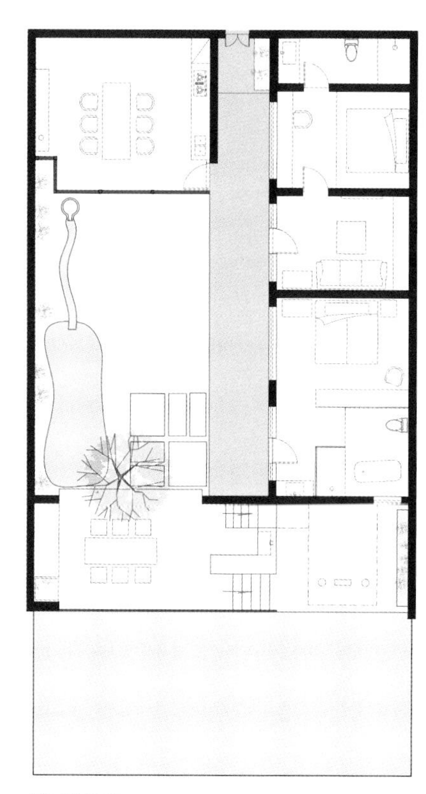

枣园平面图

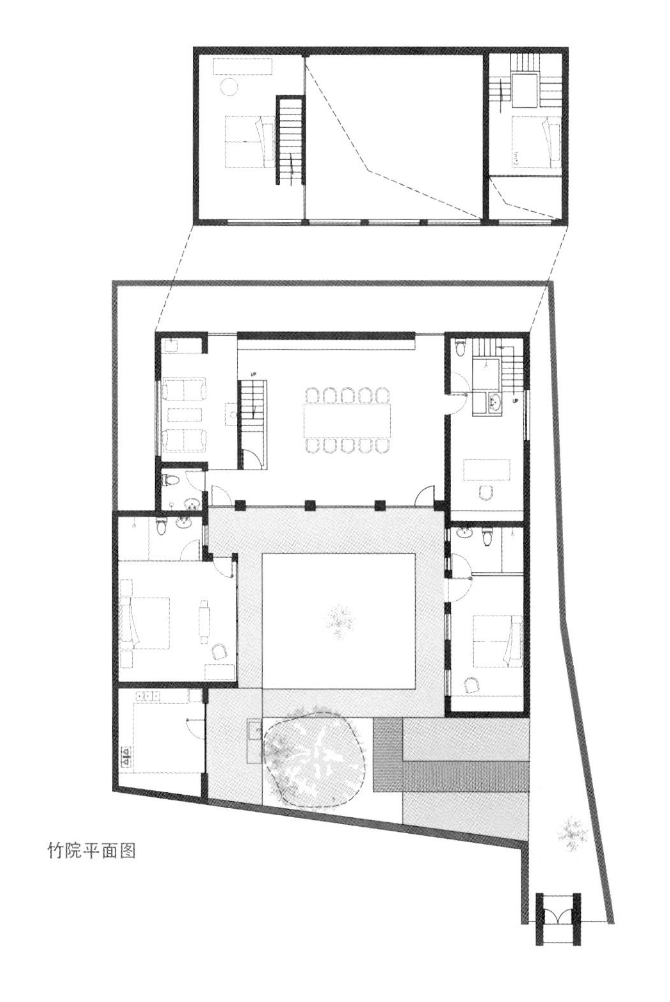

竹院平面图

第二个院子名为“竹院”。设计师第一次走进这个院子时恰逢冬季，周边一片萧条，唯独院里的一丛竹子翠绿可爱，印象颇深，故以此命名。原宅正屋为木结构建筑，围以土坯墙，现如今整体建筑均已破败，只能拆除后进行重建。新建房屋为混凝土结构，红砖为饰的正房和两侧的厢房连接，围合成了一个标准的三合院。正屋保留

05 / 枣园东屋室内图

06 / 枣园小餐厅

07 / 竹院院落

改造前旧貌

了较高的大厅，两边的阁楼和厢房成为 4 间卧室，互不干扰。改造完成后，原宅的影子所存无几，但设计师将留下的木料全部改做成了家具，只保留了一根最大的木梁，吊在正房大厅悬挂灯具，以此作为一种对老房子纪念的方式。

07

08

09

10

08 / 竹院阁楼

09 / 竹院茶歇厅

10 / 竹院会客厅

11 / 梨院外景

12 / 梨院庭院

改造前旧貌

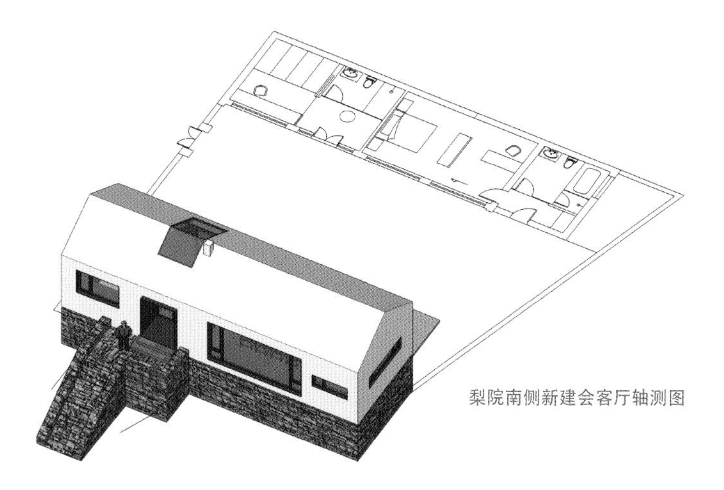

梨院南侧新建会客厅轴测图

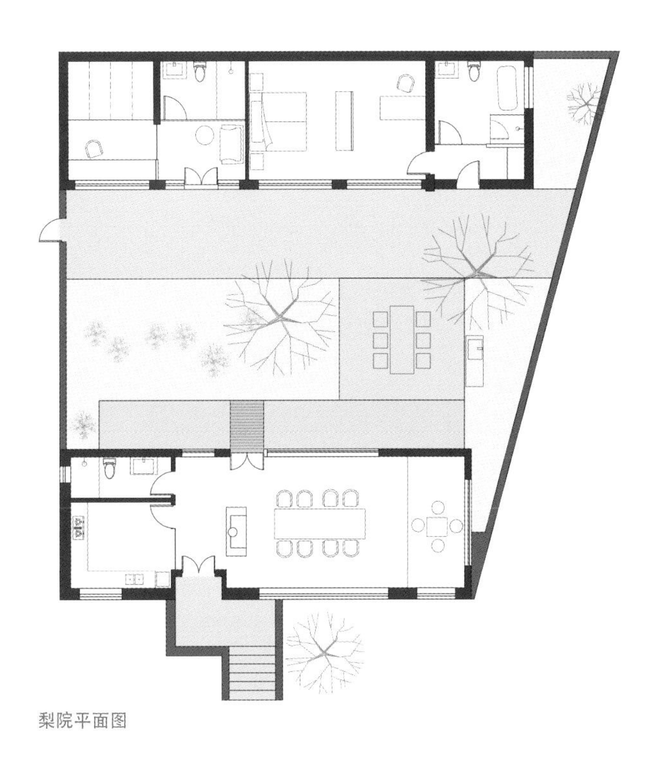

梨院平面图

“梨院”院中央有两棵不大但造型奇特的梨树，北面是一座保存完好、十分地道的传统手艺搭建的老屋，每当看到老屋，设计师都能感受到一种仿佛凝固了时间的朴素和沧桑，因此刻意保留了老屋，未再做调整。在中国人的传统观念里，有一种对“往昔”的尊敬——老木梁上斑驳的岁月痕迹、旧砖石所散发的气息，这些似乎已不再是建筑的结构，更像是一种记录了时间和故事的肌理和质感。于是“设计”的过程也变得很自然。旧有的老房子被完全保留下来，外立面几乎没有做任何改动，室内改造为两间卧室。在老屋南边新建起一间白色的房子作为客厅——新房子的宽高尺寸和老房子一致，一新一老，隔着庭院面对面地叙述时间的记忆。

11

12

13

14

15

第四个院子为“后院”。后院的位置对于六渡河村而言的确是“后院”——往北便是通向山顶的小路。原本的院子是一个东西向的狭长院子，没有围合。设计师在西侧增加了带天窗的卫生间，使正房的卧室使用更为方便；在东侧增加了一个茶亭，为院子增添了围合感。为了增加渐进的层次，设计师利用房屋拆改下来的旧瓦，在院子中间砌了一道带月亮门的屏风，将单院打造成了一个两进院，点缀绿竹荷花、枯木卵石，为院子增添些许禅意。原宅正屋外露的混凝土外立面肌理过于苍白，因此，设计师用当地的细土，添加麦秆以及黏合剂，调制出一种泥浆涂料涂抹其上，这种能随着空气干湿变化且会呼吸的材料，使得建筑与环境更好地融合到了一起。

后院平面图

13 / 后院庭院

14 / 后院餐厅

15 / 后院会客厅

16 / 花开小露台

17 / 花开会客厅

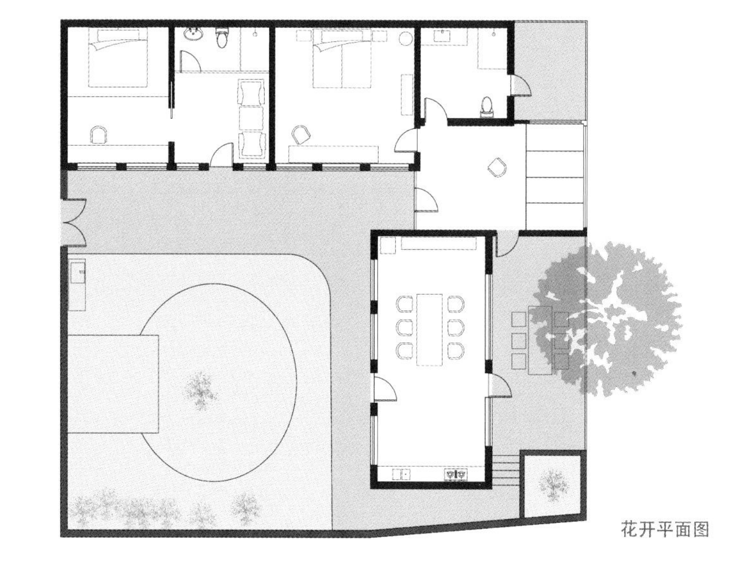
花开平面图

16

17

最后一个院子叫“花开”。花开位于六渡河村西侧，东边紧邻村中的一条沟渠，长满树木、布满小块菜地。房子建于20世纪90年代后期，是平顶的红砖水泥房，方方正正，并无特点。直到多次观察后，设计师发现东面围墙外有一棵腰身粗的核桃树，于是决定将东侧打开，搭出一个小木平台，将东厢房改造为餐厅，设想着在核桃树下吃着早饭的悠闲场景，也就让这处院落多了一些灵气。围绕平台顺势朝东建起一个日式的榻榻米，可以一边喝茶一边欣赏着远山，烦心事亦可抛之脑后。

乡建与情怀

近几年，乡村建设的话题很受关注，许多建筑师投身到农村大展身手。但是，自在家山民宿项目的设计师从最初便就没有以设计师的身份去介入设计，在整个改造过程中，他反而更注重心境的表达和情愫的诉说。就这一点而言，“自在家山”似乎又不能完全称为一个作品——而更像是一种自然而然的生成。乡村民宿是乡村的一个缩影，它不仅能为客人带来乡村之美的体验，同时也是设计师乡建情怀的寄托。

中国浙江省舟山市
Zhoushan City, Zhejiang Province, China

舟山云海苑

Dream House-An Island Rural Renewal at Zhoushan

- 项目面积
  265 平方米 (265 square meters)
- 设计
  空间进化（北京）建筑设计有限公司
  (Evolution Design, LLC.)
- 摄影
  章勇 (Zhang Yong)，杨建平 (Yang Jianping)

诗意与自然 云海苑民宿位于浙江省舟山群岛中黄龙岛上的小村落里，村落四面环海，风光秀丽，气候宜人。这里秀岩嶙峋，奇石林立，异礁遍布。民宿所在的小岛充满了静谧祥和之感，民宿周围更是被葱郁的植被环绕。独特的自然环境赋予了这里“面朝大海，春暖花开”的意境。

总平面图

场地及原始照片

01 / 民宿面朝大海

02 / 航拍图

03 / 站在海边看向房子

原宅与改变

设计团队选择了海边两个空置近 70 年的房子，上下标高近 4 米，岛上民居由当地石材建造，结构完整，坚固结实，由于受当时建造技术与材料的条件限制，屋面有部分坍塌。两间房朝向面南，山墙为东西方向，面对大海，主要是抵御海上台风侵蚀。由于该项目为“漂亮的房子”参赛作品，因此设计以及施工的时间尤为紧张。因为有两座很结实的老房子，因此设计过程以室内设计开始，又以室内设计结束。仅有三五天设计时间来思考如何实现建筑、室内、景观等空间的均衡；建造时间仅有四十几天工期，就要达到符合拍摄要求，以及经营使用的需求。因此，在这个仅有几百人，各种生活、生产物料都高度依赖陆地补给的海岛上，如何选择合适的建造方式，成为设计师面临的最大挑战。最后，设计团队实际上只用了 31 天就完成了这项任务。

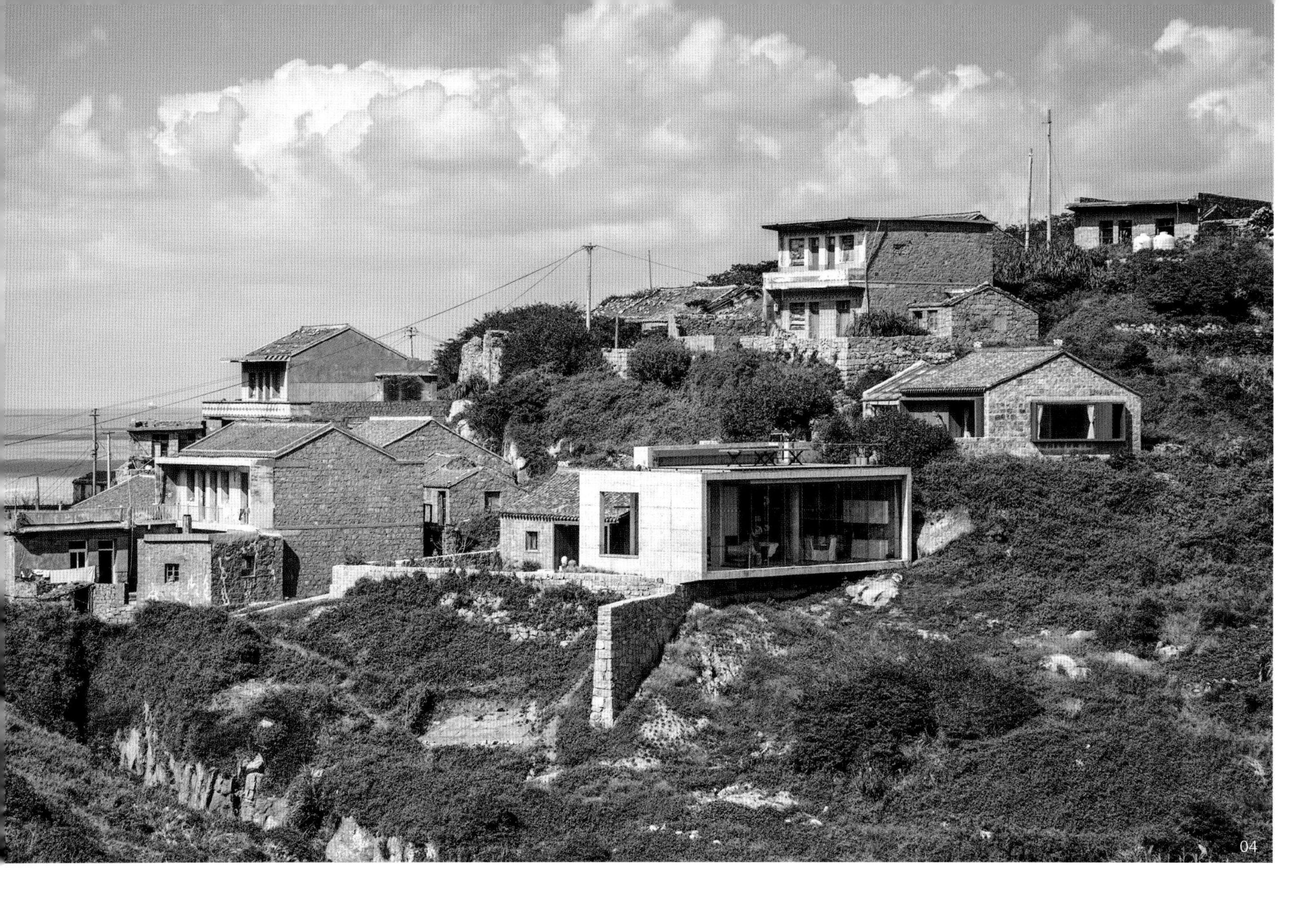

04 / 从公路看向房子

05 / 从楼梯看向主卧室

06 / 从风雨廊看向客厅

07 / 建筑入口处

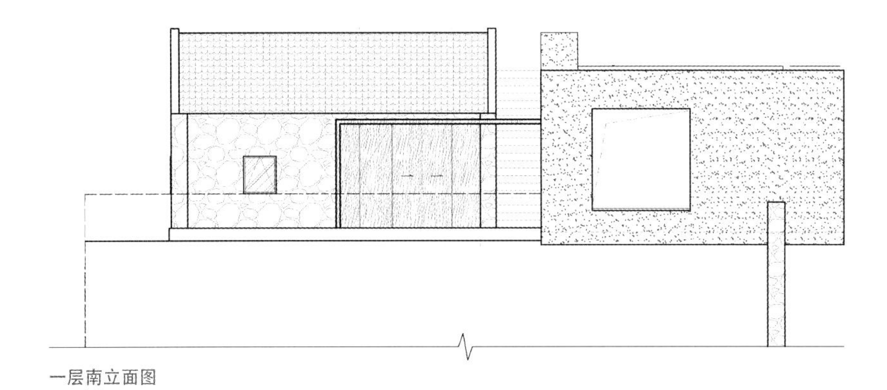

一层南立面图

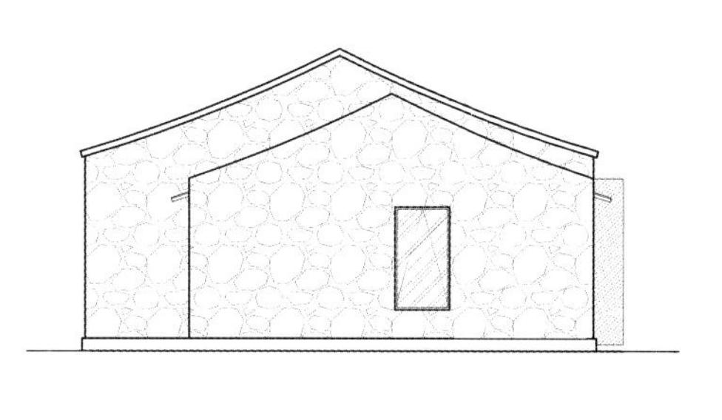

二层南立面图

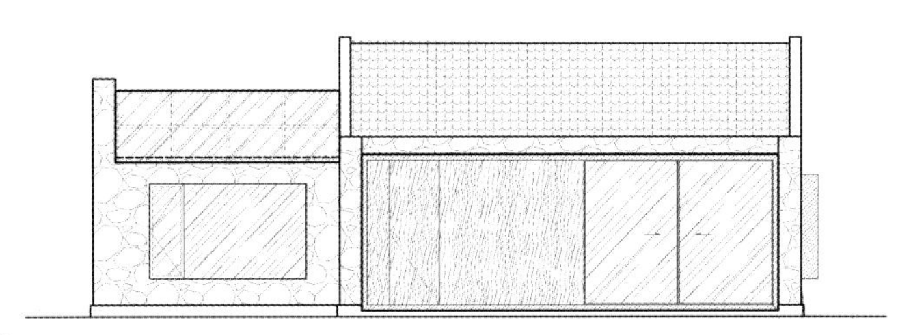

二层西立面图

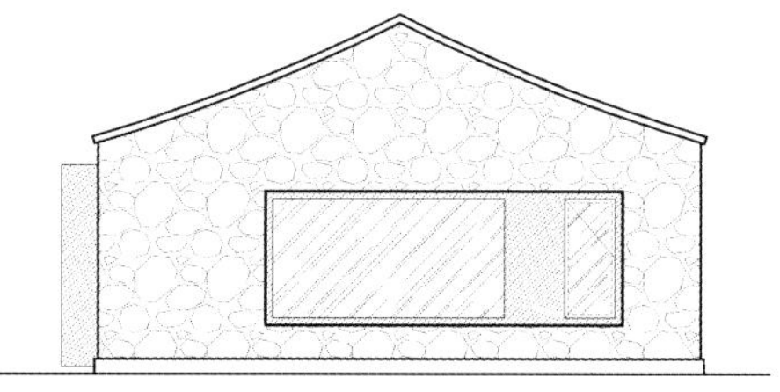

二层东立面图

05

06

理念与实现 设计团队经过多方考察发现，场地高低错落，海景风光如画，因此设计师的思路始终围绕着如何把海景引入室内，始终关心如何使房子里的人能够多角度欣赏风景。

整个建筑由两座老房子改造的卧室，加上一个没有了屋顶、后来添加了玻璃顶的老厨房改造成的工作室，以及新建的钢筋混凝土房子组成，共有上下两个庭院，上坡的主人房与下坡的两间客房分开，以新建的房子“盒子”作为纽带，成为共同的社交居家空间。

07

08

09

新建的房子“盒子”在低处老房子的东面，是场地里仅有的一块儿可用的地方，面向大海，弥补了原来两座老房子进身开间尺寸太小，不适合当代的社交空间尺度的硬伤。新房子以钢筋混凝土为主要结构，结构与空间完整统一，没有过多装饰，用混凝土作为构造与装饰，主要也是为了抵御海洋的极端气候所带来的侵蚀。

新建房子“盒子”低调内敛，面对老房子近 40 年历史积淀下来的岁月之美，面对绝佳的自然景观，新加的任何元素都显得多余与无力，因此新建的房子尽量表达出尊重与含蓄的态度，没有增加过多炫耀的成分，更多地去体现温情与敬意。设计师希望表达出“新”与“旧”之间相互理解尊重、和谐共处的态度，使当下的审美与旧日的遗存融合起来。

10

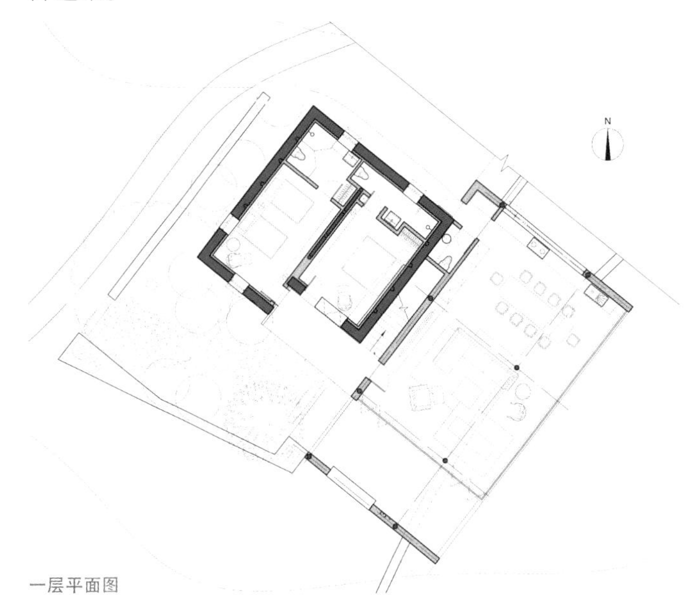

一层平面图

08 / 从风雨廊景窗看向公路

09 / 风雨廊上的秋千

10 / 从起居室看向风雨廊

11 / 清晨的客厅

12 / 起居室

从整体布局来看，岁月使两座老房子与原有村庄融合起来，而新建的房子“盒子”在当地人的眼里是毫不起眼的，甚至可以忽略它的突然介入，只有从老村街无意地走进院落，才会发现这个全新的空间。设计师把 270° 海景的观景高潮留在最后的空间序列中，而如果从海上看过来，“盒子”则被凸显出来，是一个全新的、面向当下与未来的建筑肌体。

13

14

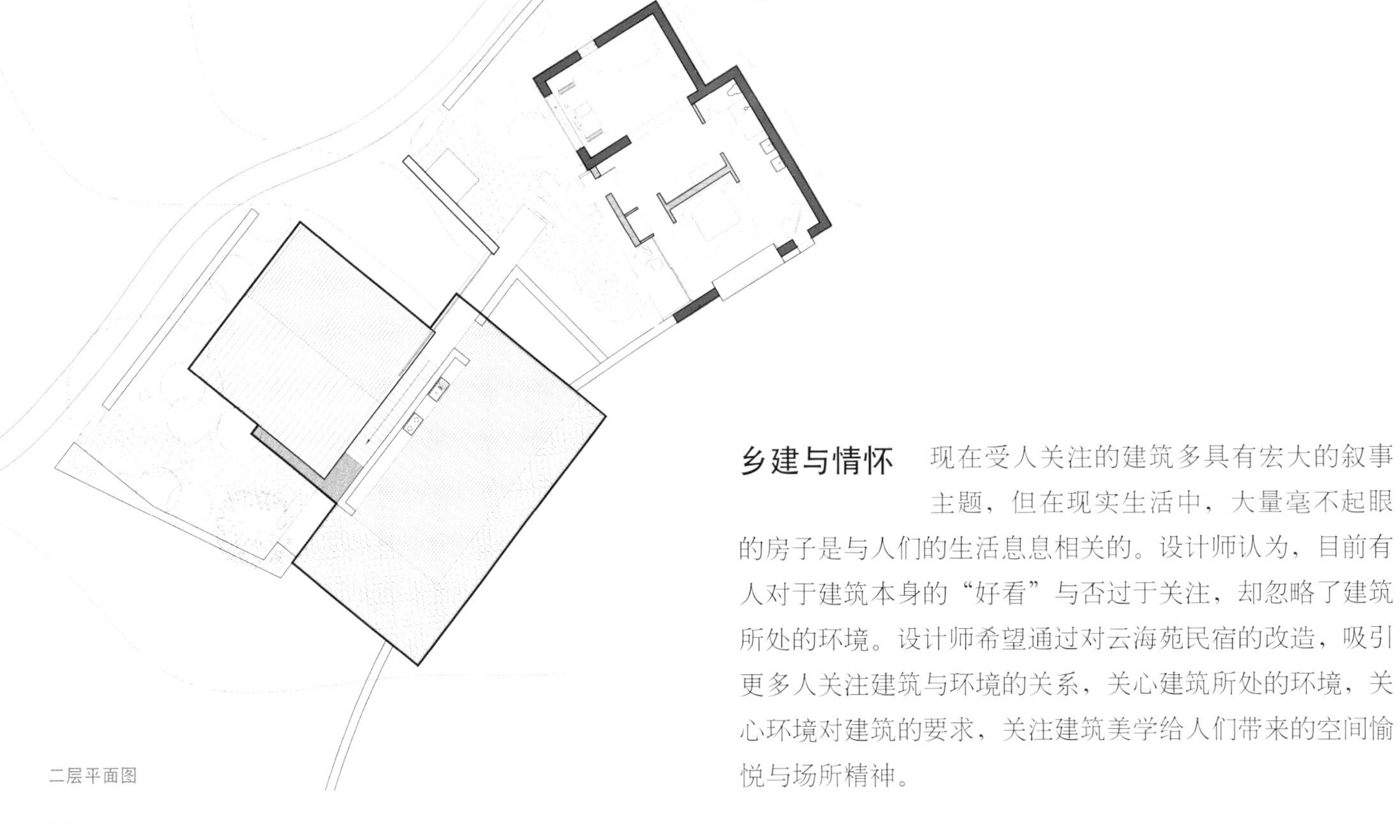

二层平面图

乡建与情怀

现在受人关注的建筑多具有宏大的叙事主题，但在现实生活中，大量毫不起眼的房子是与人们的生活息息相关的。设计师认为，目前有人对于建筑本身的“好看”与否过于关注，却忽略了建筑所处的环境。设计师希望通过对云海苑民宿的改造，吸引更多人关注建筑与环境的关系，关心建筑所处的环境，关心环境对建筑的要求，关注建筑美学给人们带来的空间愉悦与场所精神。

13 / 主卧室

14 / 主卧洗手间

15 / 日出时分的屋顶平台

16 / 主卧室休息区

中国山东省青岛市崂山区
Laoshan District, Qingdao City, Shandong Province, China

朴宿·栖澜海居
Pusu Qilan Sea Residence

- 项目面积
  2500 平方米 (2500 square meters)
- 设计
  静谧设计研究室 (QP Design Research Office)
- 摄影
  稳摄影 (Wen Studio)

01

诗意与自然 朴宿·栖澜海居坐落在崂山风景区。这里的海有一种温柔恬静的气质，山则奇石林立、别具一格，栖澜海居顺应了这里的自然环境，设计师巧妙地整合了山、海、树、石等视觉元素，使得整座建筑就像自然环境的延伸。

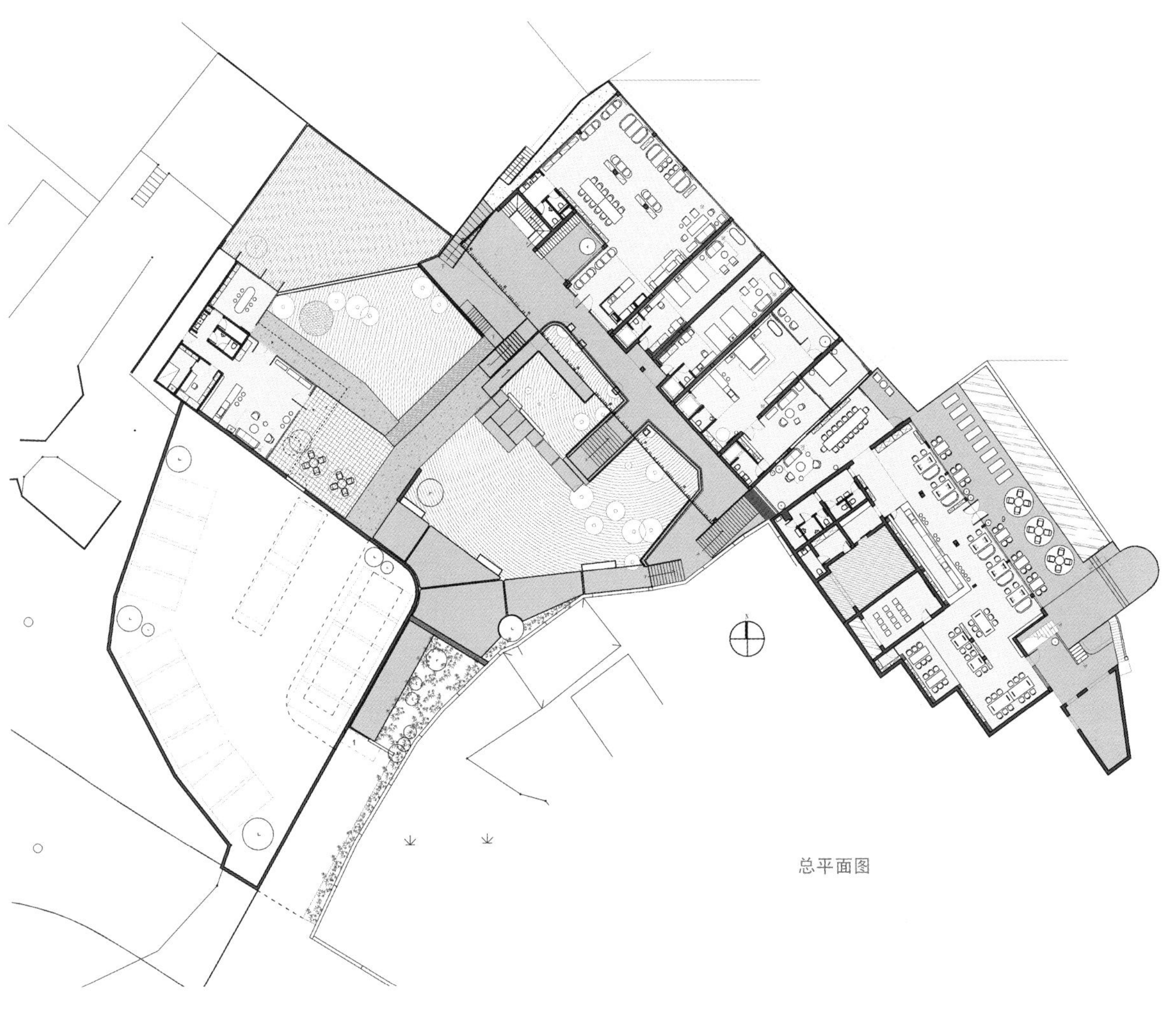
总平面图

02

03

理念与实现 项目场地由两幢独立建筑和硬化庭院构成，总占地面积约2500平方米。两幢建筑分别是南楼和北楼，中间有一个倒梯形的间隙空间，建筑的西南面是庭院，东北面是大海。如果将整个场地分为三级高差阶梯，第一级阶梯是庭院场地区域，第二级为建筑落地面，第三级则是井字格状的鲍鱼池。场地中还有两个被隐藏的高差层级——凝固的建筑顶面和随着潮汐变化的海平面。

在设计过程中，建筑、室内与周边环境的融合与碰撞成为整个项目设计的核心，设计团队将重点放在场所焦点的打造上，在室内空间营造不同的观海方式和互动性，让空间的演变响应周边环境的变化，从而打造最富魅力的空间。每个房间都设有窗子，让海风能够与人亲密接触，在空间细节设计上则强化细部构成。

01 / 建筑外观

02 / 庭院与建筑

03 / 外立面局部

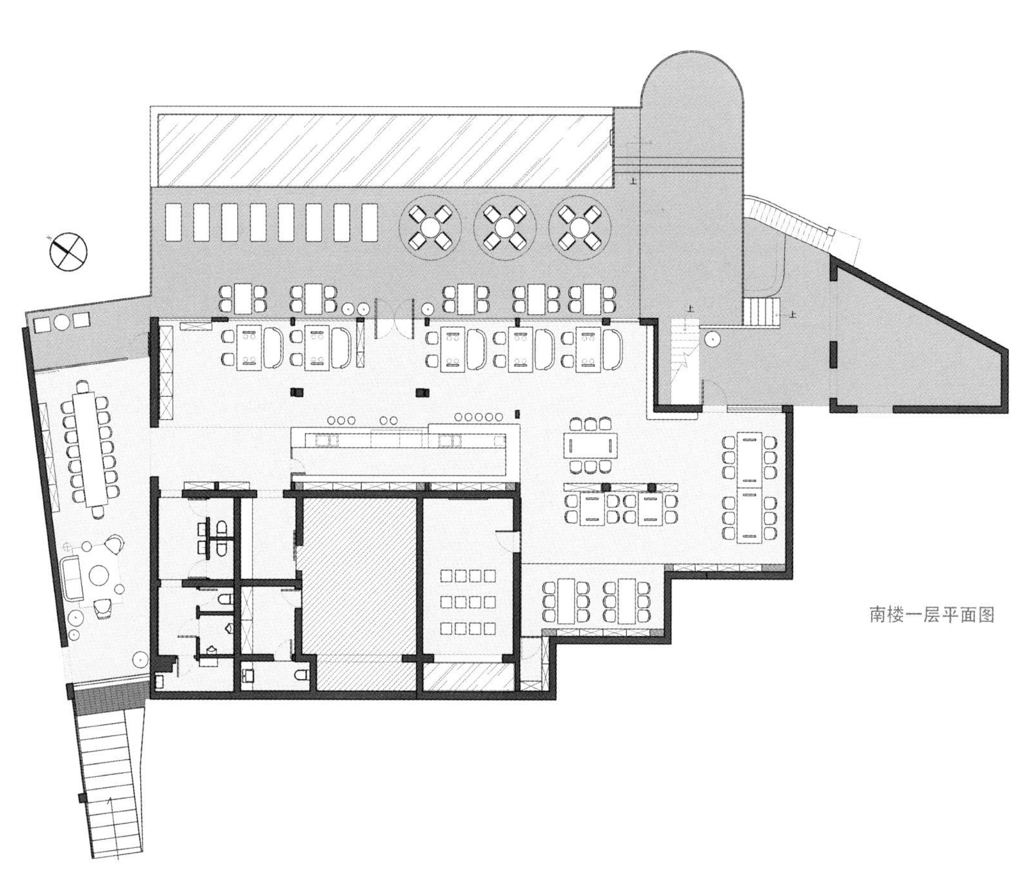

南楼一层平面图

06

04 / 海边泳池

05 / 露台

06 / 公共区域

07 / 公区局部

08 / 休息区

建筑整体以自然主义风格为主，保留了周边的植物，南面的松树被融合成为建筑的一部分，前端的鲍鱼池作为建筑景观被保留下来，鲍鱼池同时还兼顾实用意义——既是建筑水景，又可以为餐厅提供最新鲜的食材。

07

08

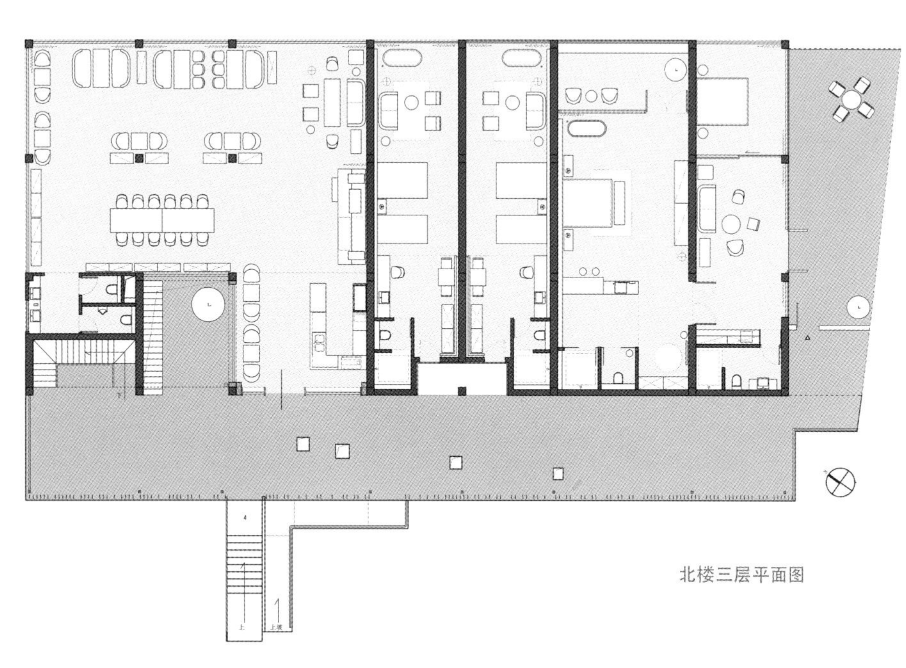

北楼三层平面图

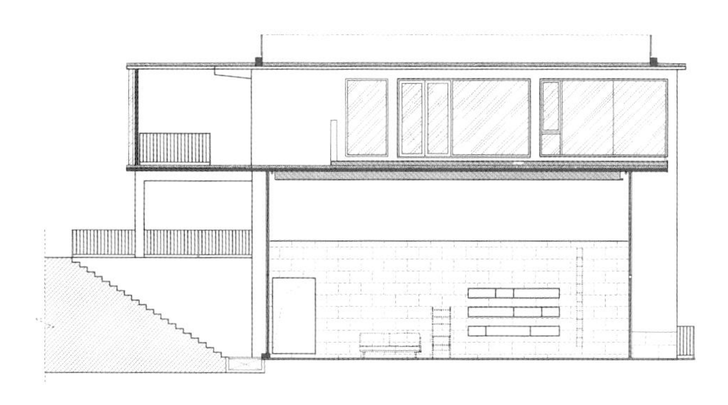

南北楼公共空间剖面图

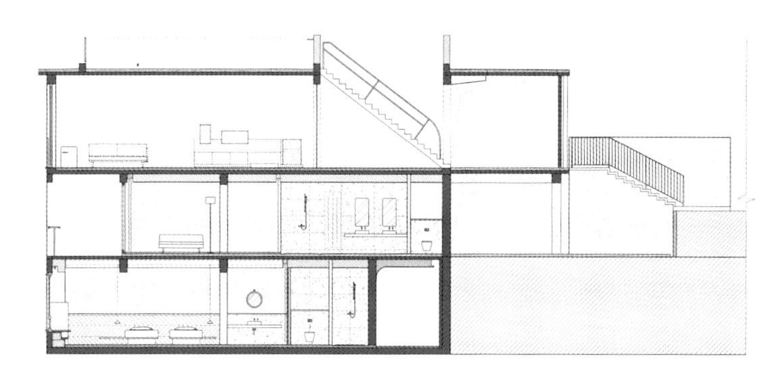

北楼一至三层剖面图

在室内设计方面抛弃传统风格的装饰，以空间表达结合功能的构成形式作为新的设计语言；在房间功能平面布置上更趋向开放型布局；在材质的选择上也更偏向自然材质的运用，如浅米色石材、红樱桃木实木飘窗、实木地板、水磨石等材料。同时注重引景入室，有直接推拉打开的大落地玻璃窗，有面朝大海的飘窗和浴缸，有面朝大海的露台和吧台，餐厅和泳池同样也向大海开放，让周边的山景和海景毫无遮拦地进入室内，室内外空间得以交流。

乡建与情怀

设计师的初衷是实现生活方式的融入。空间本身的变化带给人的改变如同海洋气息一般，以看不见的姿态影响着来过的人们。设计师希望空间本身成为生活和精神层面的外延部分，再让这种思维反作用于生活在空间里的其他人。空间成为一种媒介，用来沟通、交流、被解读。空间拥有这种特质，空间可以重塑生活。

09 / 面朝大海的卧室

10、11 / 卧室

中国天津市蓟州区下营镇郭家沟村
Guojiagou Village, Xiaying Town, Jizhou District, Tianjin City, China

洛奇·溪塘民宿酒店
Luoqi Xitang Courtyard

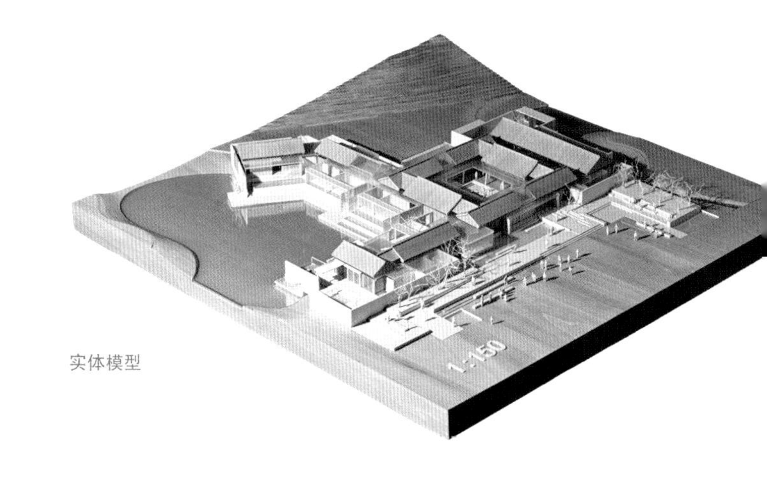

实体模型

- 项目面积
  1069 平方米 (1069 square meters)
- 设计
  北京方石建筑 (Monolith Architects)
- 摄影
  毛磊 (Mao Lei)，王刚 (Wang Gang)

诗意与自然 洛奇·溪塘民宿坐落在天津蓟州区郭家沟村，位于该村落的中心，南北各有一片自然水域，西邻大山，东临村落。民宿与村落之间隔着一大块空地和一条主干道，村落里的道路呈扇形分布并最终汇集到这块空地上。

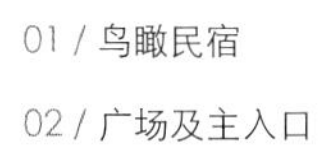
01 / 鸟瞰民宿
02 / 广场及主入口

02

改造前建筑原貌

原宅与改变

项目原宅为青瓦坡屋顶、灰砖墙体承重的单层建筑群，在改造中，设计师们最大程度地尊重了现有条件，对原建筑的主体结构及材质进行了保留并凸显其特色。在此基础上，设计师们为改建后的民宿置入了钢结构的白色方盒子、玻璃幕墙及木格栅等现代建筑结构，在新与旧之间实现了平衡与融合。

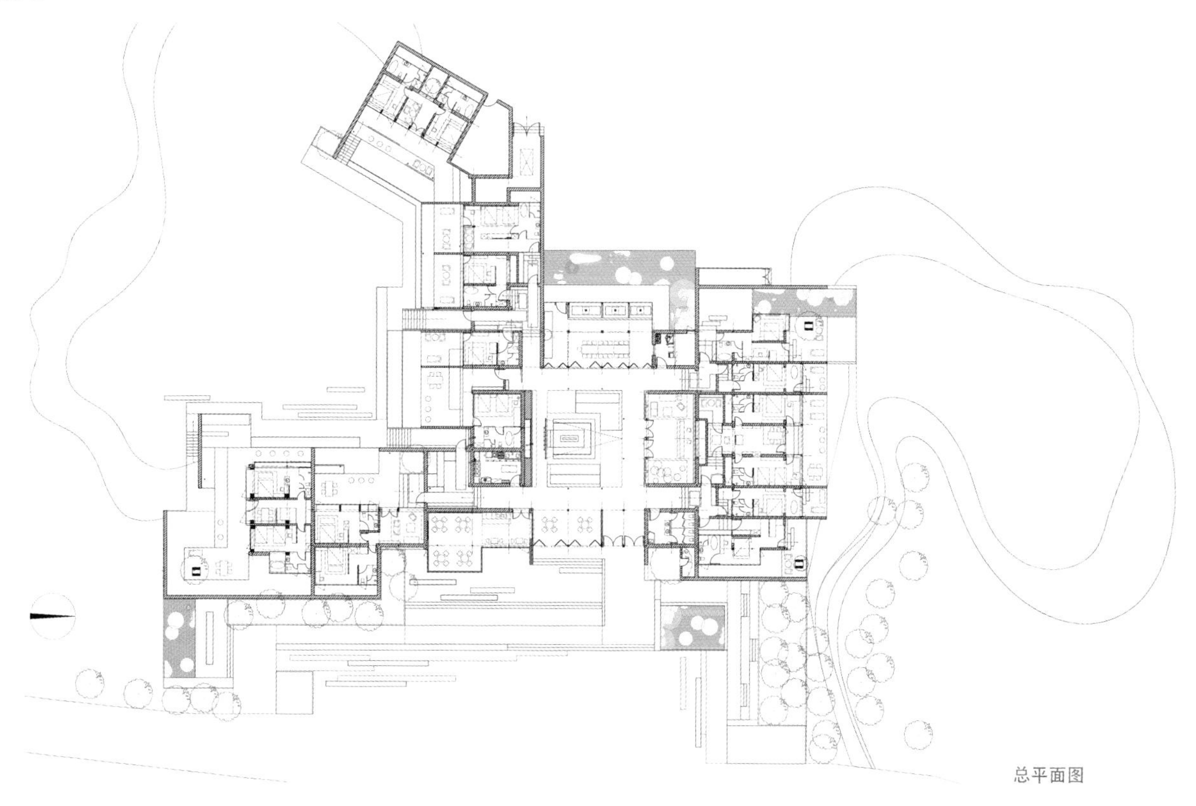
总平面图

03

理念与实现

设计师们通过室外廊道将项目基地内多个独栋建筑串联到一起，使原本分散的建筑群被改造成了一个联系紧密的整体性建筑。而原本私密的中央庭院则被改造成了由茶室、大堂、主入口、餐厅等公共空间围绕的中央公共区域，这个新的庭院空间连接了属于村民的公共广场和后山，并成为住客与村民共享的一个公共中心。

04

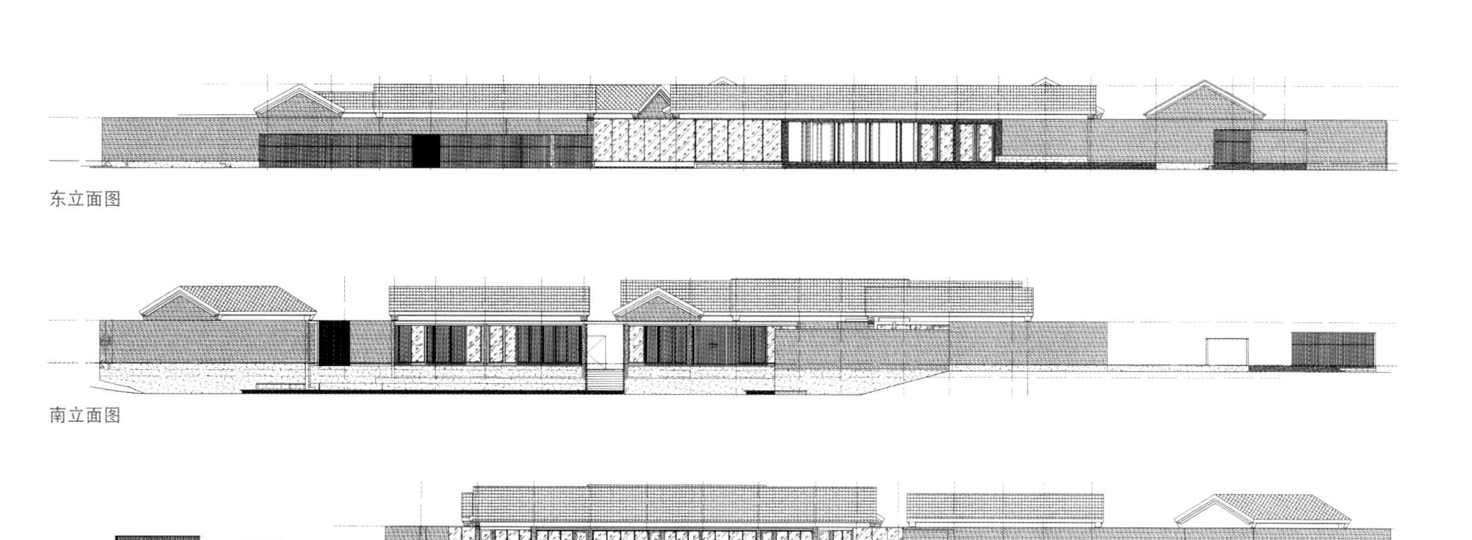

东立面图

南立面图

北立面图

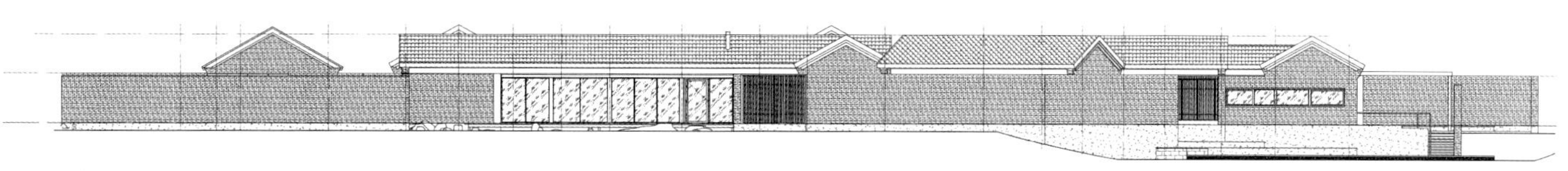

西立面图

03、04 / 南湖庭院

05 / 中庭

06

07

在公共空间中，设计师们引入静水景，打造不同的亲水方式，激活广场的公共活动性；用新旧材质打造主立面，形成层次丰富的拼贴效果；将主入口打造成一个开放空间，供人茶歇休息。公共庭院和廊道的半公共空间是园林式空间特点表现最强烈的部分，设计师精心进行了高差处理和对景处理，使这里为客人带来走走停停、曲径通幽、一步一景的良好体验。后山以景观处理为主，这里有一个供人休息观景的露台，还有枯山水景观作为露台和自然山色间的过渡，对自然景观以还原保留为主。

08

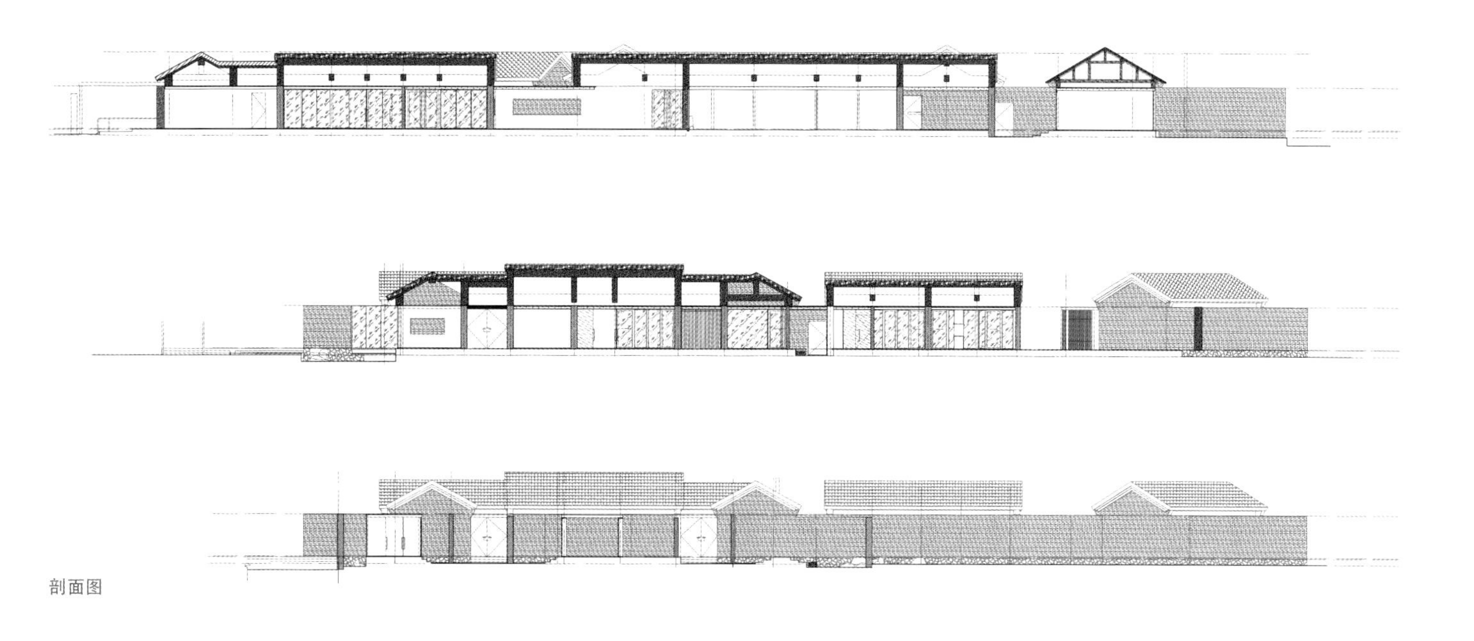

剖面图

在对客房的改造中，设计师们将室内区域进行细分，并对房型进行了差异化处理，改变了原建筑中房间面积不合理、房型过于狭长单调等问题，让客房变得温馨而舒适。

民宿酒店区别于传统酒店的核心在于拥有庭院，室内外空间关系更为丰富。为此设计师们专门设计了不同的院落类型，这些客房彼此紧靠，但通过对庭院关系的处理，每个户型都有着独立置身于自然的感受。

乡建与情怀

在乡村旅游逐年发展的大环境下，民宿这种建筑类型已经成为城市生活介入乡村的一种极为方便的载体，它满足了游客对于乡村生活的想象，同时又满足了游客对现代化居住条件的需求。在洛奇·溪塘民宿，设计师们将建筑改造成让游客暂时脱离城市生活的园林，同时保证了人们舒适的住宿体验，从而成功地打造出了一种城市人视角下的“非城市”体验。

06 / 南湖庭院

07 / 餐厅

08 / 廊道和天井

09 / 客房内景

10 / 客房浴室

中国贵州省贵阳市清镇市红枫湖镇右七村
Youqi Village, Hongfenghu Town, Qingzhen City, Guiyang City, Guizhou Province, China

贵阳引舍·故里民宿
in-house

• 项目面积
880 平方米 (880 square meters)
• 设计
郁磊剑 (Yu Leijian), 孙越 (Sun Yue), 苏波 (Su Bo)／索柏设计 (Super+Partners)
• 摄影
马萍 (Ma Ping)

01

诗意与自然 引舍 · 故里坐落于贵州省贵阳市的 4A 级景区红枫湖畔，距湖直线距离仅有 200 米，湖面宽阔，曲折多变，湖中分布着大大小小 170 多个岛屿，形态各异，星罗棋布。喀斯特峰林天然地将湖面分为南北湖区，北湖烟波浩渺、岛如串珠；南湖湖湾曲折、远水平山。湖边群山环绕，山水相连。红枫湖四季景观变幻莫测，春来繁花似锦，夏日绿意盎然，秋来层林尽染，冬日银装素裹，是理想的生态旅游胜地。

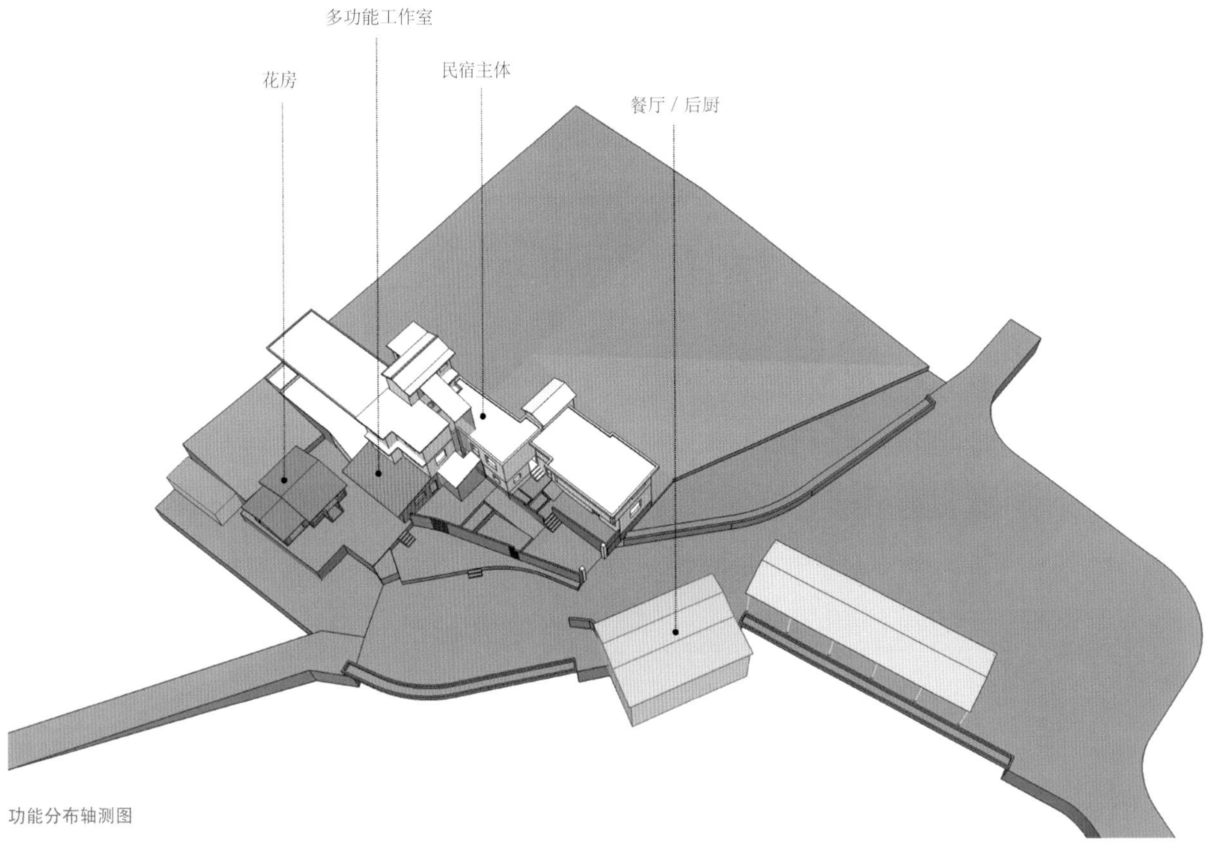

功能分布轴测图

改造前建筑原貌

01 / 鸟瞰改造完成的引舍 · 故里

02 / 民宿被翠树围绕的前后庭院，红枫湖就在眼前，坐拥湖光山色

原宅与改变

项目原址呈现云贵高原典型地貌特征，高低错落，变化复杂。原始建筑依地势分多期建造，无整体规划，故而结构复杂、形体无序；内部交通系统更是分散混乱，使用起来多有不便。业主希望打造一处具备民宿功能的自住湖景休闲别居，同时附带餐饮、酒吧、花房、茶室、设计工作室等配套设施。

02

03

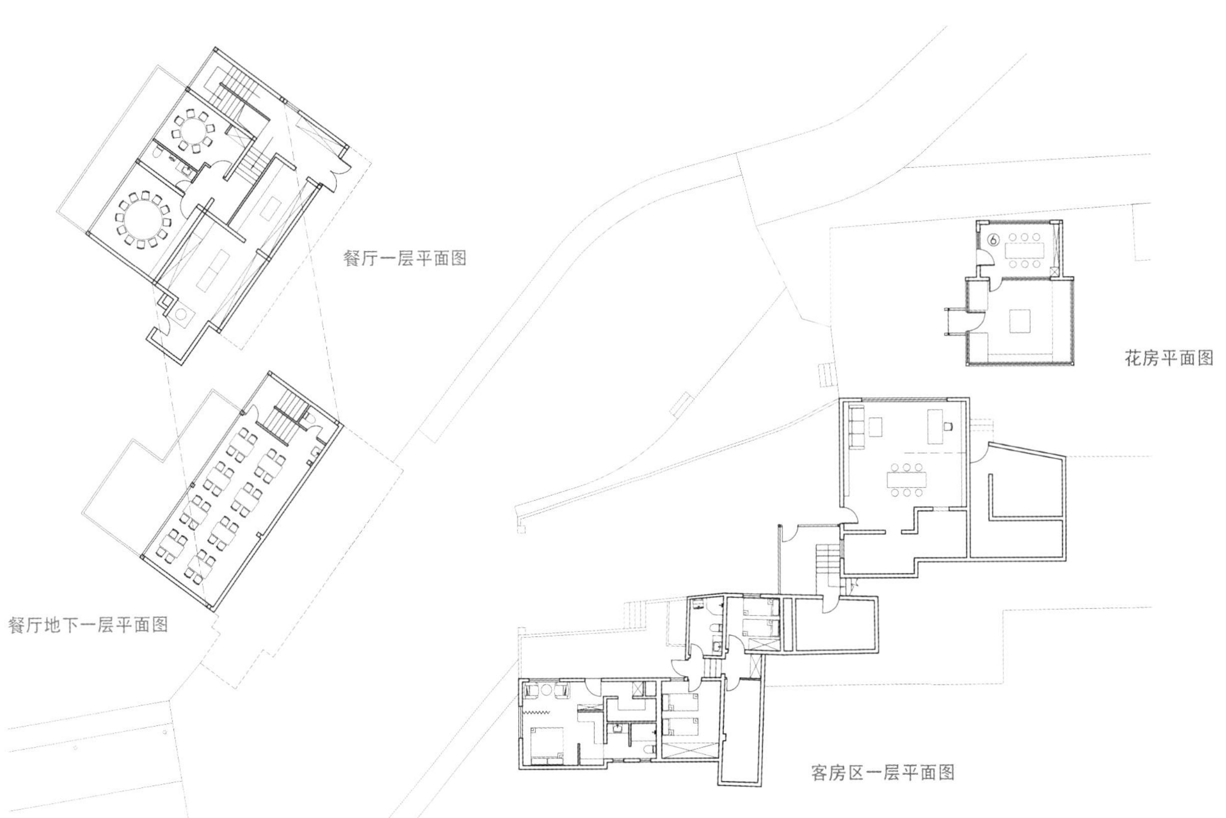
餐厅一层平面图
餐厅地下一层平面图
花房平面图
客房区一层平面图

03 / 民宿临湖一侧的外立面和依地势而建的前庭院

04 / 错落有致的民宿入口

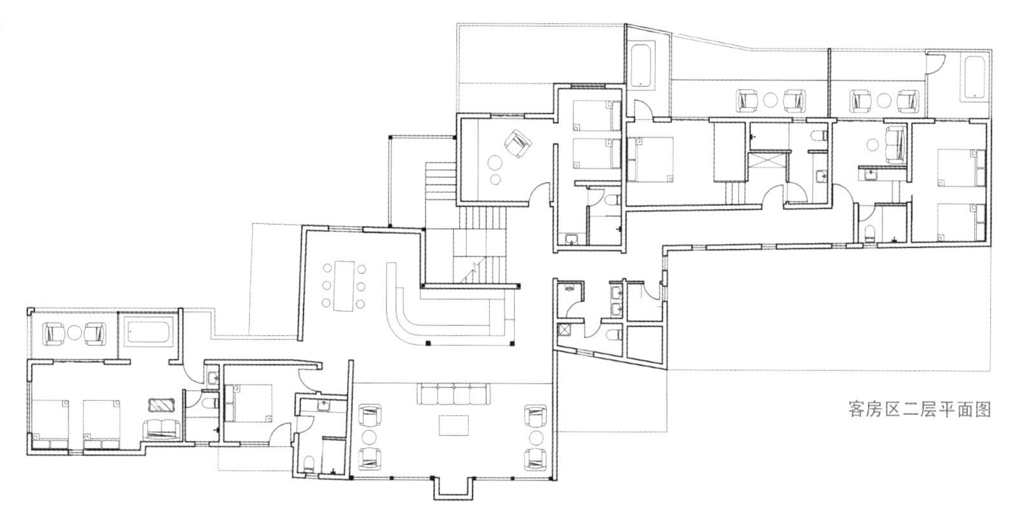

客房区二层平面图

理念与实现 设计师在处理建筑立面时的原则为“因地制宜，顺势而为”。选用清爽的白色涂料整合原始建筑混乱的外立面，以最简单的建筑表达方式融入基地四周的湖光山色与蓝天白云，使整个建筑低调自然地生长在红枫湖畔，不喧宾夺主。

室内设计以自然元素为灵感，使用当地最常见的材料，就地取材。通过不同材料间质感、颜色的对比，以及当地特色文化元素与自然风物的点缀，烘托出民宿文艺、温暖的气氛。

设计师们从场地和房屋现状出发，结合民宿的属性及业主提出的一些具体诉求，明确改造目标：打造室内公共空间、室外休闲空间和景观视线，以增强民宿的体验感；定义各功能区块，梳理室内外流线，保证后期使用及运营过程中的便利性；合理选择场景风格，控制改造成本。

在规划室外流线时，设计师保留了本地村民的日常生活动线，同时要保护民宿内部客人的流线不受外界干扰，由于民宿可能同时接待多名客人，设计师还要保证各个主要功能区块拥有独立流线。经过精心规划和对室内交通的梳理，设计师依据新的空间功能将原本分散在建筑四处的垂直交通整合成一个新的高效交通枢纽。

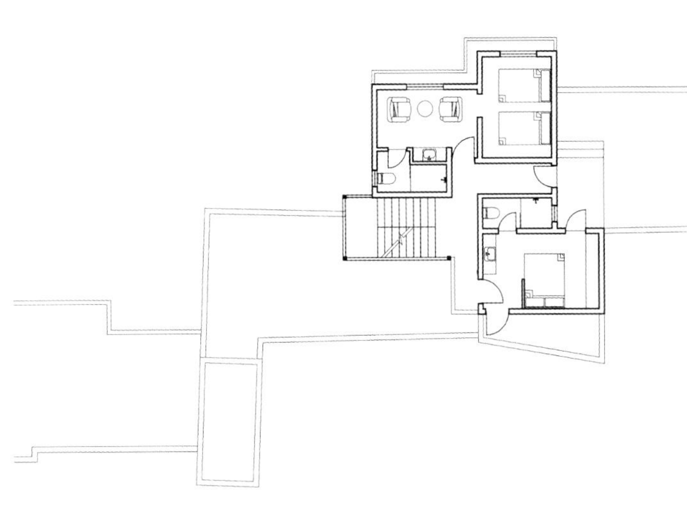

客房区三层平面图

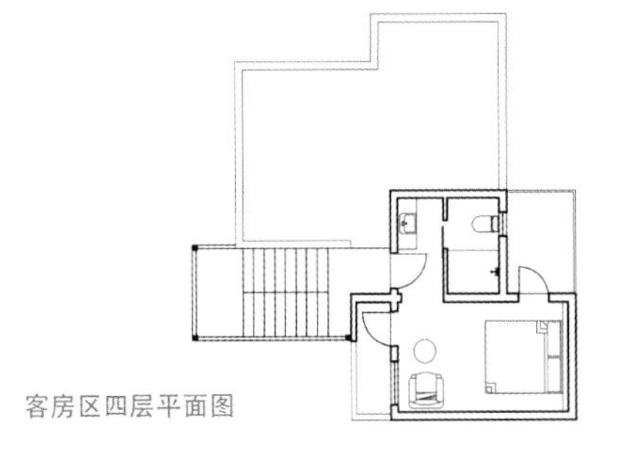

客房区四层平面图

在为民宿进行规划设计时，为了充分发挥湖景优势，优化景观视线成为设计师的另一个设计重点。结合交通流线，设计师将所有客房均布置在湖景一侧，让所有入住的游客都能享受良好的景观视野；全面扩大原始建筑的湖景面窗口，让更多景色进入房间，加强了景观的渗透性；同时还在阳台上打造了玻璃洗浴空间，即使是在沐浴时，游客也能尽情领略谷底远处的岩壁、江湖、大地和森林景观。

乡建与情怀 引舍·故里民宿的改造过程平衡了业主与设计师、成本与情怀、建筑与环境等多方面因素，实现了思维碰撞和互相包容。多庭院与多台地相结合，依地势和功能布局，运用叠加和围合的手法，

05 / 前庭院里用杉木和钢架搭建的休闲观景平台

06 / 自然雅致的客房内环境

07 / 通透的全玻璃湖景洗浴区

08 / 从客房露台眺望红枫湖美景

组合成内外有序、蜿蜒深远的建筑空间。入住民宿，就能拥有在内部活动和外部优美景观之间不断转换的体验，以此来感受建筑、生活和环境的不可分割。游客体验外部空间的方式也从传统民居的相对平和、单一的模式，转换为具有现代感的、戏剧性的模式。

意大利里腾索普拉博尔扎诺
Soprabolzano, Renon, Italy

格洛丽特民宿
Gloriette Guesthouse

- 项目面积
  2000 平方米（2000 square meters）
- 设计
  noa* 建筑设计公司（noa* network of architecture）
- 摄影
  亚历克斯・菲尔兹（Alex Filz）

01

诗意与自然 格洛丽特民宿是根据意大利里腾(Renon)地区避暑度假的传统建造的，它坐落于博兹纳（Bozner）最美丽的山地之中，建筑物被葱郁的绿色植物所包围，集城市与乡村特色于一身。

原宅与改变 民宿原址曾是小型的伯格芬克(Bergfink)商务酒店，是由博尔扎诺（Bolzano）的富商们主持建造的。它坐落在城乡交界处星罗棋布的豪华住所之间，也是整个村庄建筑的定位点。被拆除之后，人们在原址新建了格洛丽特民宿。

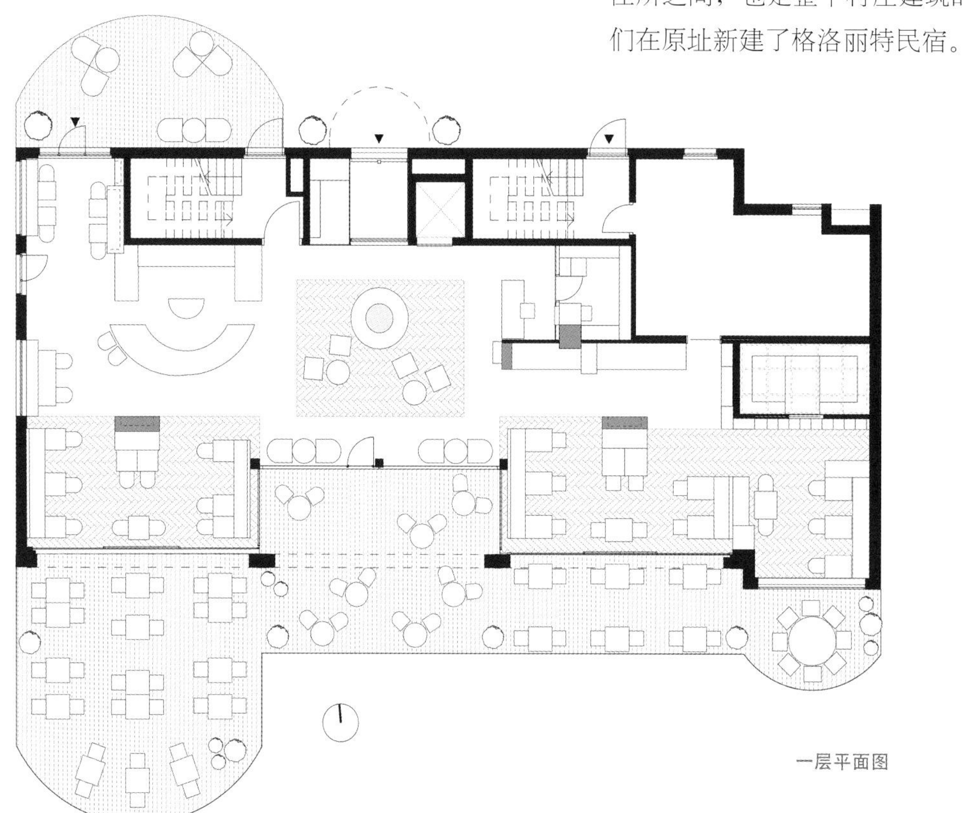
一层平面图

北立面图

01 / 格洛丽特民宿以优雅清新的姿态矗立在美景之中

02 / 建筑外观颇具当地特色，同时充满了流行元素

民宿犹如自然风光中的一块宝石，展现出永恒和新艺术派风格（Art Nouveau）的设计灵感。民宿能够满足客人所需，因其地理位置的特殊性，既没有完全脱离城市，又可以让人享受乡村的美景和悠闲。

02

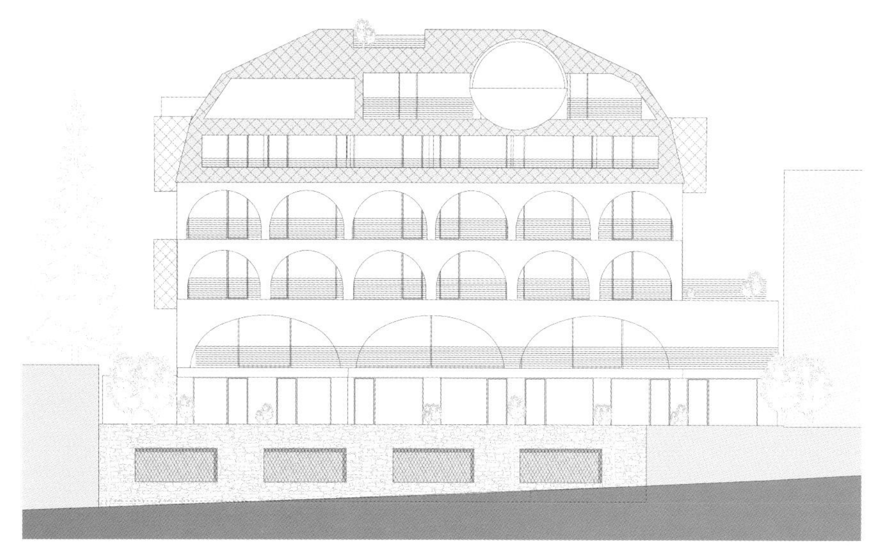
南立面图

03 / 民宿与周边环境和谐共生

04 / 带壁炉的休息室

05 / 环境优雅的餐厅

理念与实现 结合当地流行的元素是至关重要的，例如外观上刻意强调的拱形结构和四坡屋顶会令人回想起奥伯博岑村（Oberbozen）悠久的传统，同时还采用了很多菱形元素——在里腾地区贯穿各个避暑胜地的铁路沿线，很多房屋都会经常出现这种装饰元素。

03

04

05

整体设计方法清晰可见：无数细节构成了贯穿整个项目的共同主线。民宿的局部组织十分有趣，巧妙地适应了地形环境。位于底层的车库形成了基座，支撑着包括25间客房在内的整个建筑。

在公共空间的上方，是分布于3个楼层的客房。套房设置在建筑的每个边缘处，通过方盒形的凸窗可以清晰地辨别出这些套房，这也凸显了设计师对建筑外观设计的自信。在地面层上出现的扁平双拱结构，到了上层被简化为单轴的拱形立面结构，在尺寸上也发生了显著的变化。这使得人们在此避暑度假时可以欣赏更为清晰和真实的外部景观。尤其是在拱廊后面的区域，凉廊作为连接的元素将室内与室外的空间无缝地融合在一起。此外，由于采用了没有窗框的窗口，这些房间看起来像是延伸到了护墙的位置。黑色的玻璃不仅反射出民宿周围的景观，还可以作为分隔客房阳台的隔断，在视觉上增加了拱形结构的丰富多样性。在建筑的最顶部，四坡屋顶仿佛一个独立的建筑，与下面的主体结构有着明显的区别，其内部是养生康复区域。在这里，拱形元素再次出现，作为青铜色的壳体突破了屋顶的传统结构，以非对称的布局自信地表达了充满活力的建筑设计风格。

西立面图

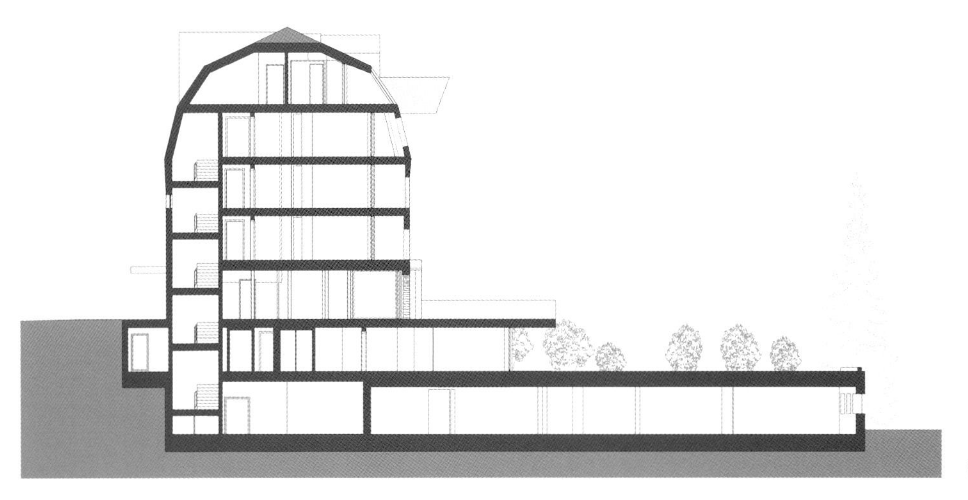
剖面图

06 / 洛伦兹套房

07 / 套房休息室

08 / 套房内的浴室

09 / 套房室外露台

07

08

09

室内设计以抽象的方式体现了里腾地区新艺术派建筑的永恒特色，同时，清晰简洁、对比鲜明的细节反复出现，贯穿于整个建筑之中。弧拱造型的主题也在室内得以延续，如房间中底部为圆形的镜面，而客厅中壁炉的弧形除突出于自身的轴线之外，温泉露台上的休闲靠背也采用了弧拱造型。室内的家具大多随意摆放，优雅质朴的室内装饰更加突出了温馨舒适的氛围。室内的每一件物品都是独一无二的，它们或是从跳蚤市场淘来的珍品，或是从之前的酒店里寻到的小型珍宝。天花板上悬吊的金色灯具犹如雕饰的工艺品在室内随处可见。在公共区域，设计师选择了无缝的树脂地板，使空间显得更加连贯流畅。在木质地板上还创建了很多的“岛屿”区域，以此界定不同的休闲和就餐区域，在顶部的温泉疗养区也应用了这一构思。对室内设计的热情关注几乎无处不在，不只在公共区域和水疗区域，在客房和套房内也有所体现。套房内的大凸窗尤为引人注目，内部提供了一个带有壁炉的休息区域，独立式的浴缸和沙发观景座位。这种“屋中屋”的结构定义的空间，其内部的墙壁、地板和天花板都采用了相同的材料。通过木材的运用获得了诱人的温馨氛围，它们散发出质朴而高雅的气息，驱走了丝丝寒意。

10 / 位于圆柱形雕塑里的游泳池

11 / 通往游泳池的楼梯

12 / 游泳池旁边的休息区

13 / 游泳池上方的铝杆纵横交错

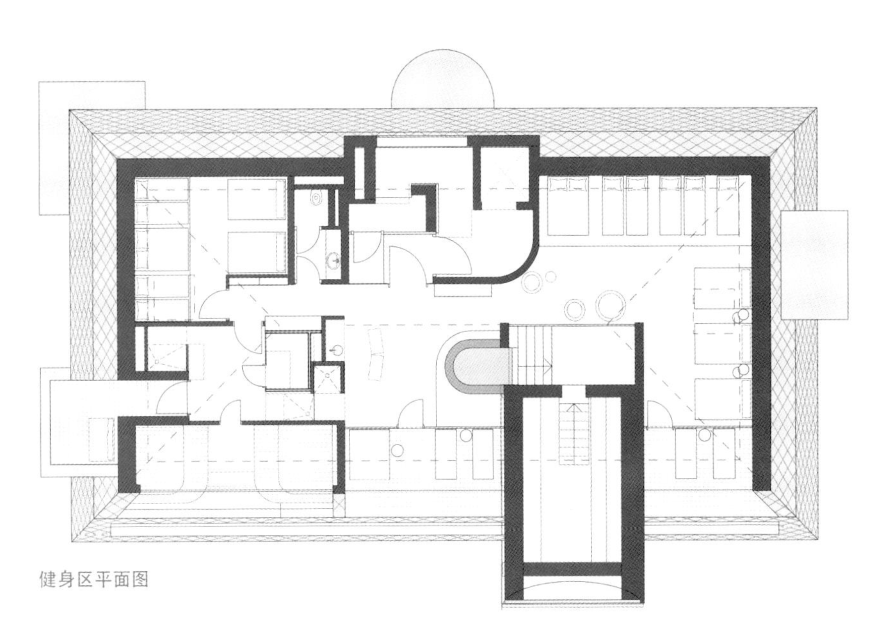

健身区平面图

乡村与梦想

快节奏的生活和浮华的城市建筑容易让人们产生烦躁感，但是在格洛丽特民宿，周边的绿色树木和多彩的野花营造了舒缓和安静的氛围。民宿以一种毫不浮华的时代感和简化的城市建筑形式，重新诠释了里腾地区豪华与舒适的定义——恢宏而经典，简洁却不冷漠。

11

12

13

挪威北部马朗恩半岛

Malangen Peninsula, Northern Norway

马朗恩度假民宿

Malangen Retreat

- 项目面积
  2000 平方米（2000 square meters）
- 设计
  斯内尔·斯蒂纳森（Snorre Stinessen）
- 摄影
  史蒂夫·金（Steve King），
  泰耶·阿恩森（Terje Arntsen）

01

诗意与自然 马朗恩半岛（Malangen Peninsula）距离挪威北部的特罗姆瑟（Troms）只有一个小时的车程。民宿位于一个从峡湾下面突起的山脊之上，俯视着森林中一片自然的开阔地带。

01 / 民宿位于森林中的私人空地

02 / 从庭院俯瞰峡湾

03 / 厨房边的露台

02

理念与实现 民宿由东向西延伸，有效地遮挡了森林的开口，只有穿过巨大的橡木拉门从外面进入院子后才能发现这个开口。民宿主人有小孩，但仍希望为邀请更大的家庭和更多的朋友来此做客提供更多的空间。在布局设计构想中，设计师通过过渡空间中部的冬季花园将若干独立的房间相连，花园正好位于自然形成的高地上。这种布局组织同时提供了私密的空间和举行各种活动的公共空间。此外，由于不同的房间和活动空间所需的温度不尽相同，还降低了冬季取暖所需的能源消耗。中部的冬季花园配备了壁炉和户外厨房，同时也作为住宅的入口，民宿正是由此与森林中的天然空地相通，人们可以从这里进入主建筑或者附属建筑。

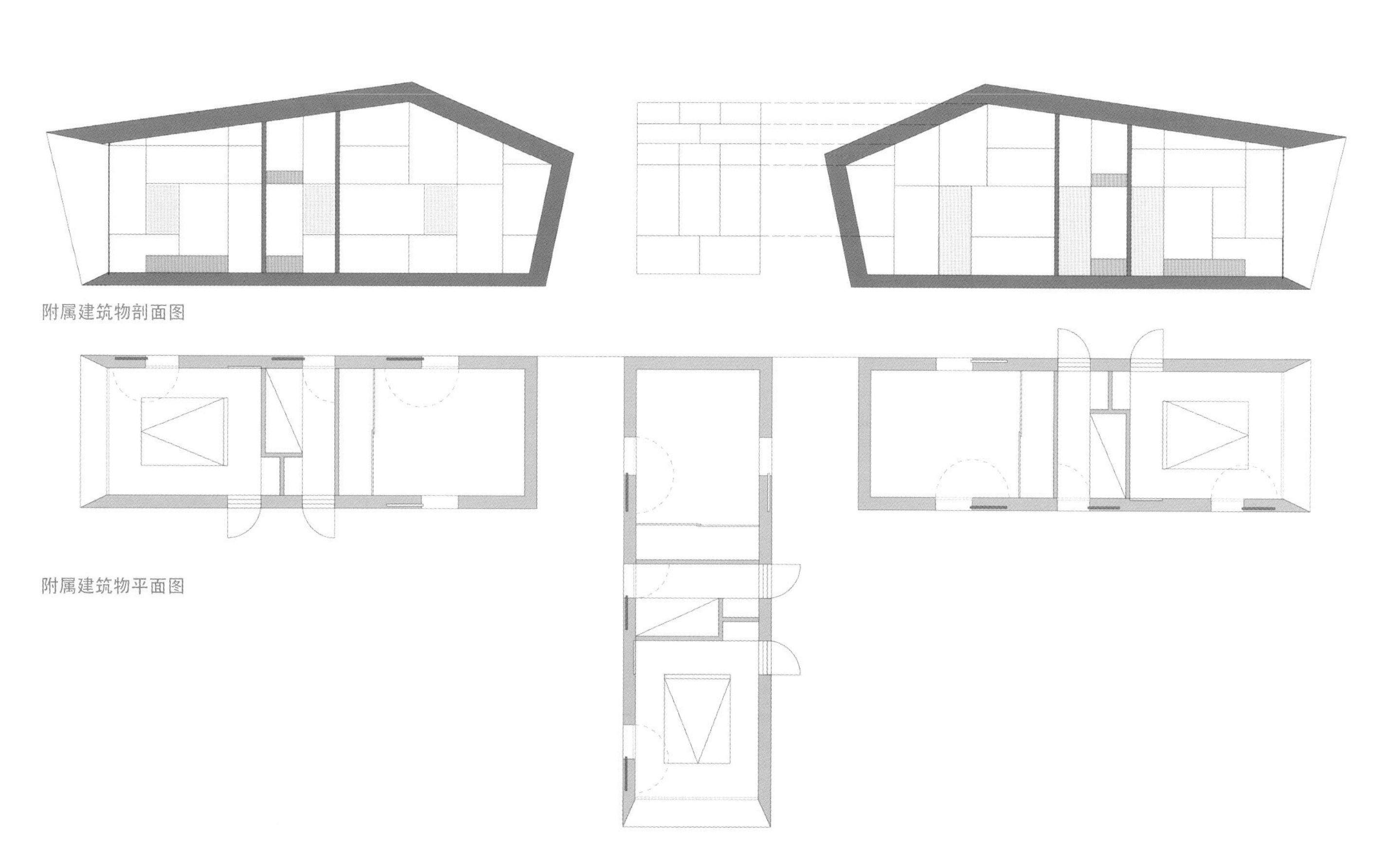

附属建筑物剖面图

附属建筑物平面图

04 / 通向室内的主入口

05 / 有壁炉的客厅

06 / 起居室可观看到海湾的景致

每一组房间都由各自独立的空间组成，这不仅提供了额外的私密性，也加强了房间与林中空地和过渡空间的联系。一些台阶向下通往设在地势较低处的开放式厨房和客厅，人们在那里可以俯瞰地峡的壮观景色，在下午则能远眺西边的夕阳。从厨房的一个专用出口可以前往南面的户外区域，在温暖的夏日，全家可以在那里享用晚餐。设计师对空间的分隔旨在强调空间与人们的活动之间的过渡，使每日的活动都成为一个生动的故事。

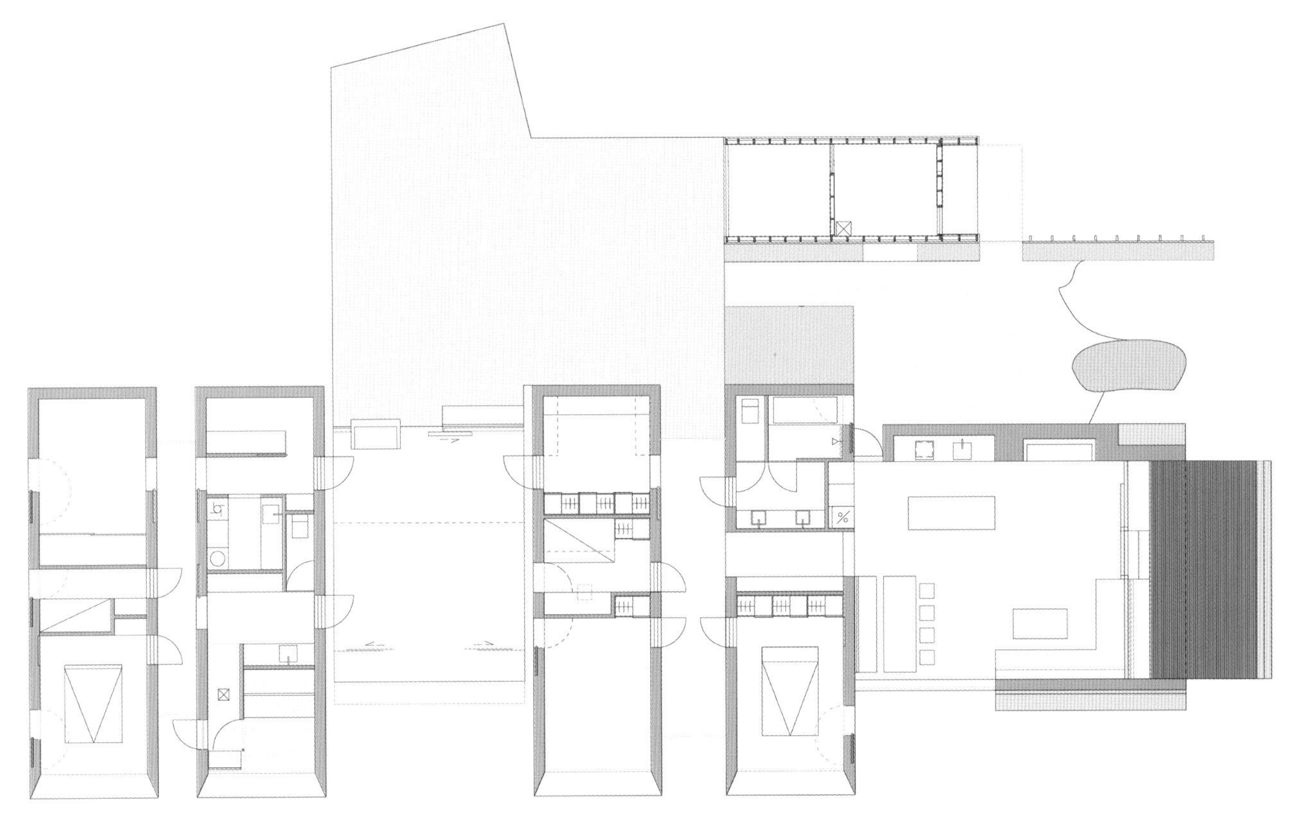

平面图

05

06

07

07 / 位于建筑物连接区域的娱乐空间

08 / 餐厅里摆放着定制的桌椅

09 / 桑拿浴室俯瞰着森林中的空地

08

09

这些空间都是木结构的，其内部和外部均包盖着雪松木板。这些木板使用硫化铁进行了处理，在安装之前要在户外存放几个月的时间，这样可以使木板无论在室内还是室外都会散发出均匀的光泽。室内主要采用了无结的橡木板作为墙面，与外部的木板形成对比，显得更加温暖。这些木头小屋比相邻的过渡空间要略微高一些，所有过渡空间内部都采用了混凝土地面，突出强调了这些空间与地形以及户外之间的多样关系。空间的顶棚使用了橡木板条，经过硫化铁处理之后，由于单宁酸的含量较高，这些木板条会自然变黑。这些天花板可以遮蔽来自外部的视线，同时与室外寒冷的视觉感受形成反差，并产生更加柔和的声音效果。桑拿屋的大型无框玻璃幕墙将其与室外环境隔离，这也反映出这块森林空地与世隔绝的隐秘性。桑拿屋的内部以雪松木为主要材料进行了定制设计。诸如餐桌、餐凳、卧床和衣柜这样的室内家具，以及冬季花园内的壁炉和拉门等，都是定制设计的。

10 / 小型阅读室

11 / 主卧室

12 / 儿童卧室的阁楼设有玻璃地板

13 / 活动室的攀岩墙

14 / 儿童卧室

15 / 主卫生间

乡村与梦想

作为规划和建设过程的一部分，在客户和设计师们的倡议下，大面积的森林得到了保护。木屋在森林之中显得安静而神秘，客人们可在窗前眺望起伏的群山以及近处平静的湖面，在闲暇之余放空自我，感受自然之美。

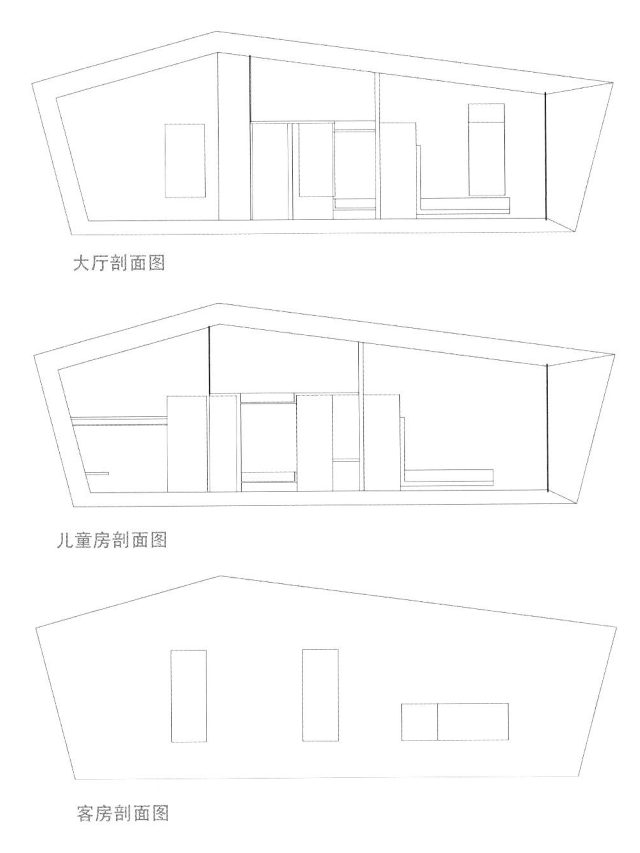

12

13

14

15

美国加利福尼亚州纳帕谷

Napa Valley, California, the United States

科尔民宿

Cole House

- 项目面积
  287 平方米（287 square meters）
- 建筑师
  理查德·比尔德（Richard Beard）
- 景观设计
  布莱森景观建筑事务所
  （Blasen Landscape Architecture）
- 室内设计
  尼古拉斯·文森特设计事务所
  （Nicholas Vincent Design）
- 摄影
  保罗·戴尔（Paul Dyer）

01

诗意与自然 当设计师首次拜访项目所在地时，便立刻意识到它的独特之处。多种地貌汇集于此，形成美不胜收的景色。开阔的视野可以近观山谷，远眺圣海伦娜山（Mount St. Helena）。此外，人们还可以亲眼看见、亲身体验这里的历史风貌。科尔的住宅体现了历史和建筑方面的双重意义，相关的农业建筑可以回溯到 19 世纪，所有这一切都令人联想到本地的农耕传统。

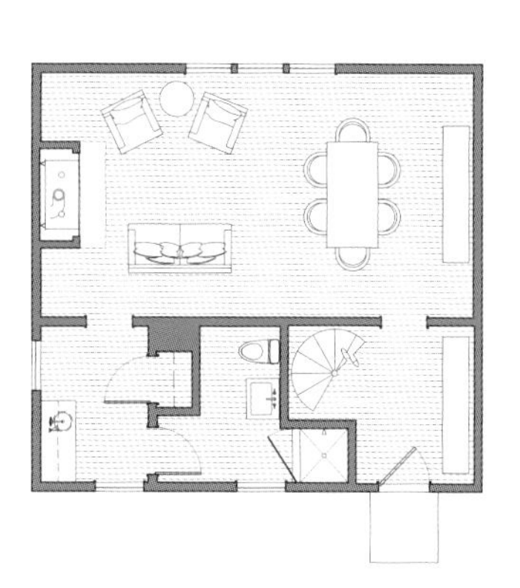

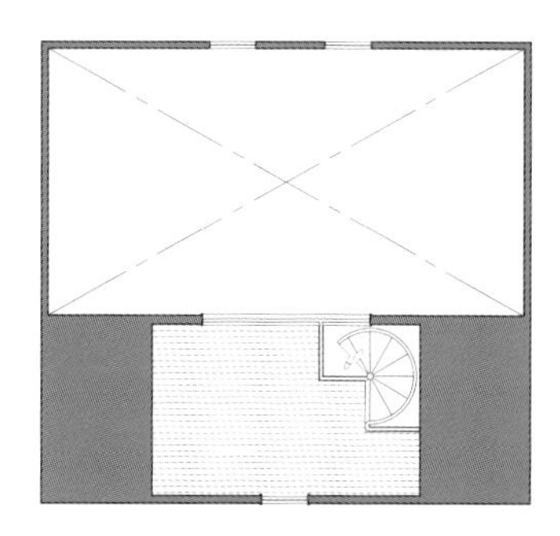

楼层平面图

01 / 民宿面向原始森林

02 / 入口处环绕着部分原始木质门廊，门口处放置着19 世纪的木铁合制长凳

03 / 房屋南面是葡萄园和长谷仓

老建筑原貌

02

原宅与改变

这座住宅最初建于 1889 年，是旧金山一位著名医生的家庭别墅和农场。当他去世之后，他的妻子和女儿们继续经营和维护着这里的地产，饲养了家禽并种植了大量的果树，并将住宅作为民宿对外开放。此地被这个家庭命名为“山中的小珍珠”（La Perlita del Monte），有着悠久的农业历史。直到今天，这里仍然是钻石山区 AVA（American Viticultural Areas，美国葡萄种植区）的一部分，也是 Theorem 葡萄酒厂（Theorem Winery）的所在地。

03

改造前建筑原貌

理念与实现 为了适应当地的气候，住宅的原始设计有以下特色：四周环绕着门廊和大进深的屋檐；为了获得更好的通风，一层架高于地面之上，并采用了高举架的天花板。经过广泛的历史研究和规划后，设计师们根据室内设计标准框架对原来的结构进行了改造，同时为了保留原有的设计特点，他们格外关注保护措施，并尽可能利用现有的建筑材料和结构。大部分原有的外部和内部木质结构，包括窗框、标志性的室内红木镶板和花旗松木地板都被修复一新。改造还体现出现代化可持续性特征，采用了完全绝缘隔热的建筑罩面，全新高效的暖通空调系统（HVAC），以及新型的管道和电气系统。对这座本土住宅原有被动特征的修复与现代化的主动系统相结合，打造了一个极为高效的现代化农庄。

04 / 客厅配有定制的黑色钢制壁炉和复古皮椅

05 / 客厅铺设复古摩洛哥地毯，放置定制沙发，悬挂罗马窗帘

06 / 书房中的定制沙发与古董古斯塔夫书桌前摆放着铁艺咖啡桌，墙上装饰着亚麻和拉菲草的挂毯

07 / 厨房以及远处的入口和起居室。屋内设有橡木和皮革柜台凳，以及包裹着皮革的抛光钢制坠饰

08 / 客厅保留了原始的框格窗，包括原始的平衡锤和窗弦，以及钢架底座上古色古香的磨石边桌

09

10

09 / 主卧室配有定制沙发、剑麻地毯和壁炉上方的画作

10 / 主卧室配有四柱铁床和铁质壁炉灯，卧室门连接环绕卧室的门廊

11 / 主浴室配有定制的亚麻长凳和传统的铜坠饰

12 / 主浴室配有定制洗手台和亚麻罗马窗帘

12

11

乡村与梦想 这座住宅位于纳帕 (Napa) 与索诺玛县 (Sonoma County) 之间的土地之上。经过重新构思和设计，保留了具有重要意义的树木，改造利用了当地的农业建筑，保持了材料和色调的一致性，并使用当地的凝灰岩石作为材料，这些措施确保了历史构成元素的完整保留。本地生长的花旗松、成熟茂盛的木兰树、紫薇树和华贵庄重的枫树不仅为住宅提供了阴凉的树荫，还保留并散发着这里的历史气息。客人们可以在此与民宿主一起采摘果子，饲养家禽，享受幽静的田园生活。

意大利卢卡
Lucca, Italy

山中旅宿
Locanda al Colle Guest House

• 项目面积
2500 平方米（2500 square meters）
• 设计
里卡多·巴索特利（Riccardo Barsottelli），马可·因诺森蒂（Marco Innocenti）
• 摄影
安德烈·维鲁奇（Andrea Vierucci）

01 / 民宿坐落在橄榄林之中

02 / 从西侧观察到的建筑和全景露台

03 / 用作餐厅功能的全景露台配有 20 世纪 50 年代美式风格的椅子

诗意与自然 民宿位于彼得拉桑塔（Pietrasanta）和卡马约雷（Camaiore）之间，是去往韦西利亚海岸（Versilia Coast）、附近的五渔村（Cinque Terre）游玩，或参观卢卡（Lucca）、比萨（Pisa）和佛罗伦萨（Florence）等历史名城的理想出发地。

203

原宅与改变 这是一次体现尊重和创新的艺术改造。业主和建筑师完成了一项伟大的工程，使一座乡村住宅华丽变身为优雅别致的民宿，一个具有古典韵味和现代服务设施的住宿场所。

西向视图

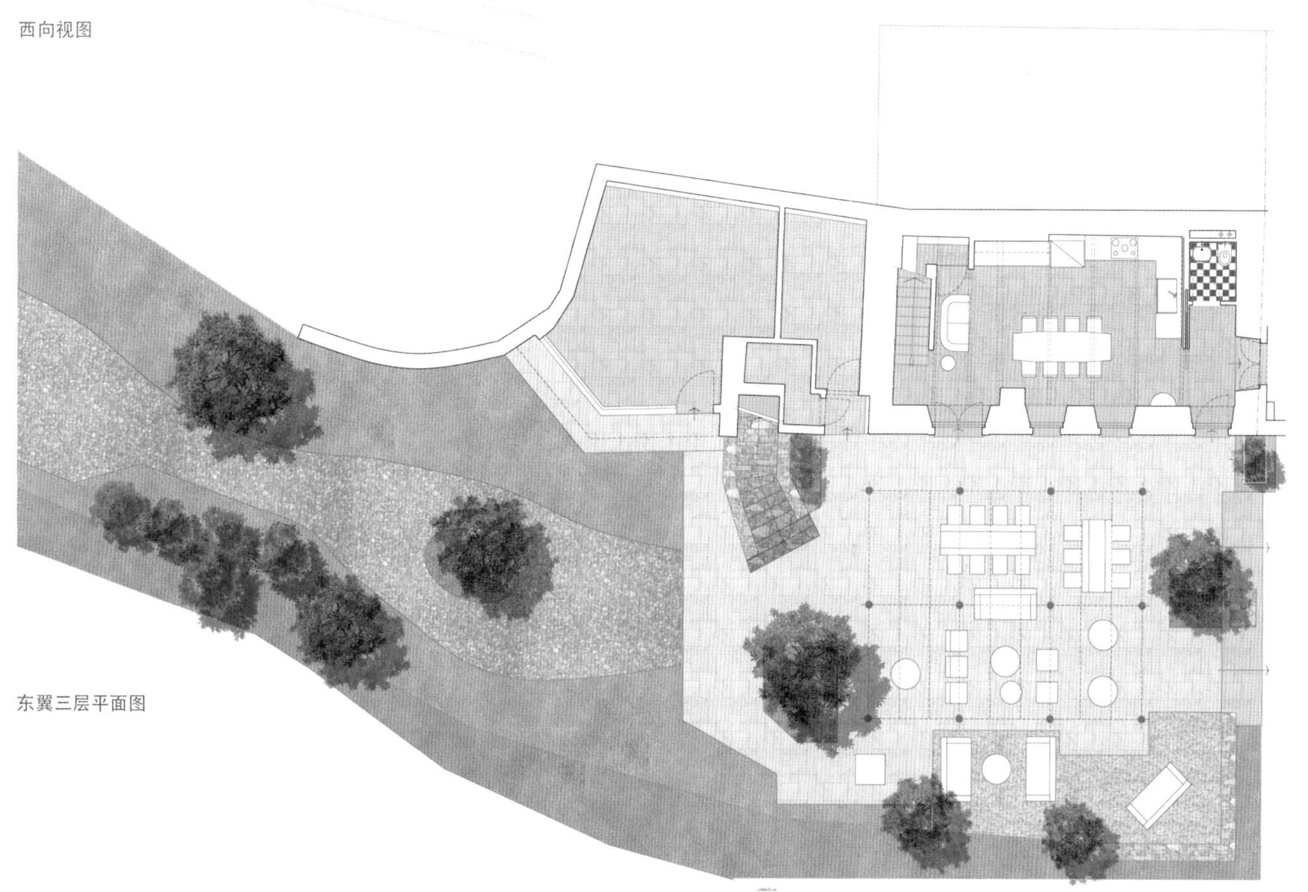

东翼三层平面图

04

05

理念与实现

在漫长和要求苛刻的改造过程中，对细节的倾心关注是顺利完成项目的保证。古老的栗色大梁、椽子，以及卢卡地区特有的高陶瓷砖和门槛都得到了修复，并融合到新建筑之中。古老和现代的家具和艺术品在这里完美融合、相得益彰。

每个客房都是一个独一无二的空间，内部装饰着多年收集的珍稀物品，一些突出显眼的造型和几何形状结构更加烘托出室内的独特氛围。虽然每个房间各具特色，采用的色调也彼此不同，但都配备了一个带浴缸的浴室，客人可以在里面尽情享受轻松和愉悦的时刻。

早餐厨房和早餐露台的平面图

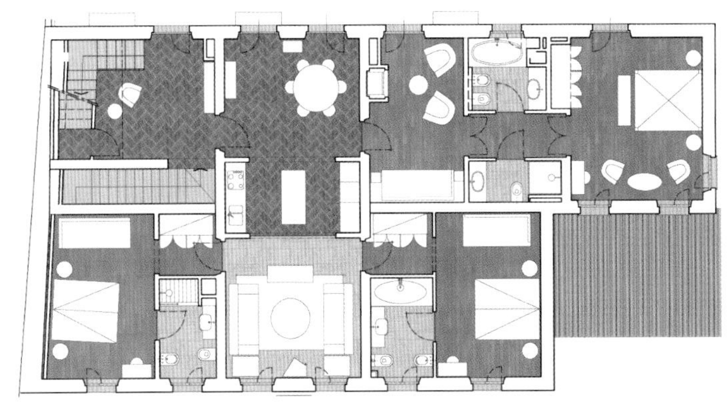
东翼二层平面图

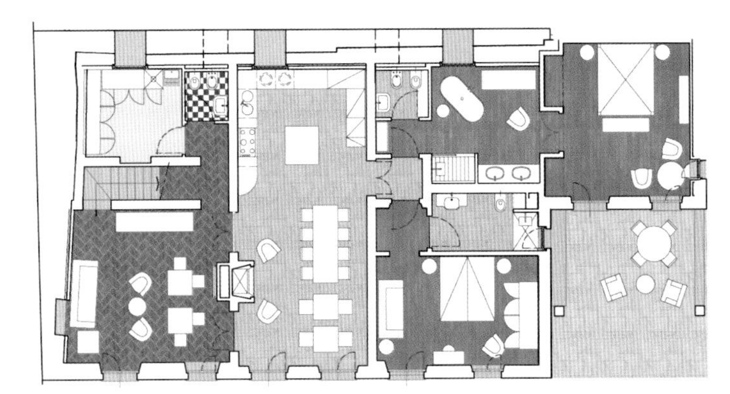
东翼一层平面图

东立面图

04 / 盐水恒温泳池

05 / 东翼二楼会客区，配有咖啡桌

06 / 东翼一楼会客厅，右侧有扶手椅和 20 世纪 40 年代的意大利咖啡桌

06

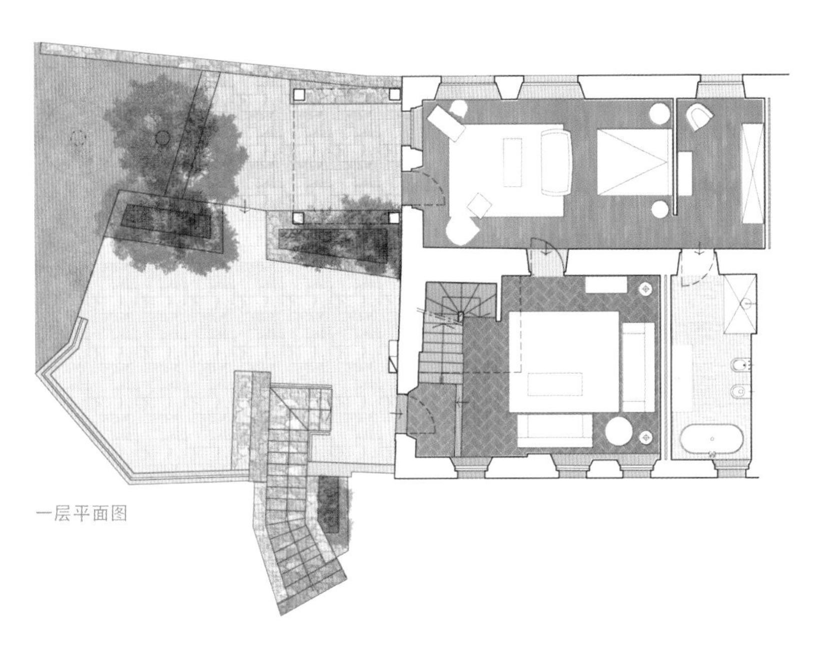

一层平面图

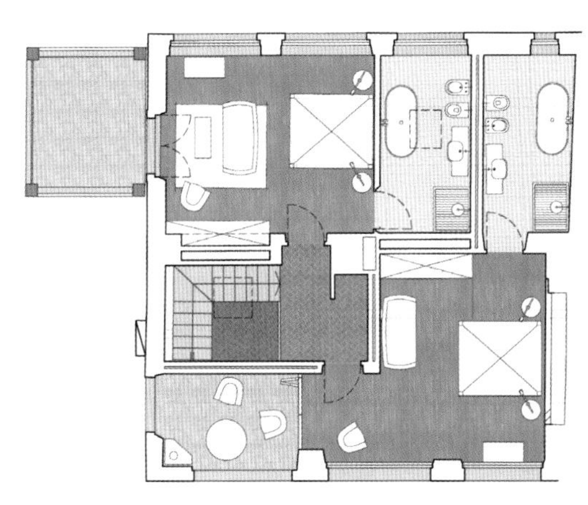

二层平面图

全新的民宿建筑确保了室内与室外的连续性，在客厅和卧室内可以俯瞰配有家具的露台，享有迷人的景观视野。一些铸铁壁炉分布于室内各处，它们以非同寻常的线条和具有现代感的几何造型烘托出温暖的氛围。

北立面图

乡建与情怀

这里的一切都来自于业主的热情以及对风格的研究，为这里的客人们提供和谐的居住环境。改建和扩建体现了对该地区传统和历史的尊重，山中旅宿为此提供了设计和客人接待方面的经验。某天，当你从海边或附近的艺术城市返回这里之后，也许会在夜晚迎来一顿美味的晚餐。你会发现这是以传统方式烹制的特色美食，而自己正在享受这个优美怡人的安住之所和无微不至的热情款待。

09

10

07 / 豪华全景露台

08 / 面向私人露台的豪华卧室

09 / 位于开放平台的火炉

10、11 / 配有意大利风格书桌和法式风格座椅的卧室

11

美国华盛顿伍德威
Woodway, Washington, the United States

伍德威民宿
Woodway Guest House

01

- 项目面积
  130 平方米（130 square meters）
- 建筑设计
  泰勒·恩格尔建筑师事务所
  （Tyler Engle Architects）
- 室内设计
  雷拉尼·萨尔（Leilani Saar）
- 施工单位
  托特施工（Toth Construction）
- 摄影
  本杰明·本施耐德（Benjamin Benschneider）

诗意与自然　伍德威民宿坐落在一个古树丛生的峡谷边缘，峡谷的斜坡下面有一条溪流，那里是大马哈鱼的产卵地。因此，尽管拥有极为优美壮观的景色，但设计师在民宿的选址和管理来自屋顶和路面的雨水等问题上，都受到了诸多限制，他们需要通过设计解决这些问题。

02

01 / 从东南方看民宿

02 / 从西南方看民宿

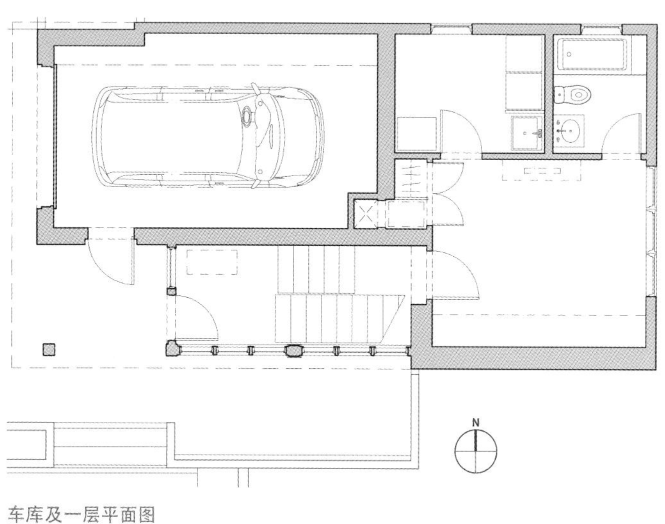

车库及一层平面图

理念与实现 设计师首先与客户合作制定了建筑方案，确定房间的数量、用途和位置，并与客户一同前往现场，在新建筑的预备位置上标出了确定好的桩位。然后，设计师们专门做了一个三维模型，以此研究新建筑与开发环境现场之间的关系。

他们发现，传统的山墙造型与住宅最为和谐一致。为此，设计师特意将民宿放置在主建筑形成的阴影区域，使新老建筑一起围绕出一个封闭的停车场，这个场地同时还可以作为篮球和网球的比赛场。此外，透过主宅山墙端入口的车道门廊，可以看到主宅宏伟的山墙门廊。从本质上看，这是一个传统的住宅，同时也拥有现代的房间布局形式。

北立面图

东立面图

03 / 从主楼方向看民宿

04 / 从入口看民宿

05 / 从餐厅看楼梯

06 / 从建筑入口看楼梯及民宿生活区

07 / 小厨房

在这个斜坡地段上，为了符合客户对建筑高度限制的要求，设计师们采用了错层的立面结构。这带来了一个额外的收获，形成了一个单层的、带有地下车库的私人主套房和一个拥有双层高度和拱顶的客厅，同时收获了次卧和浴室，并在半埋式地下室内设置了杂物间。

民宿入口楼梯处的窗格明确地标示了前往车库的入口，避免混淆。在傍晚，这个由玻璃幕墙封闭形成的入口在石墙上方闪闪发亮，仿佛一盏明亮的灯欢迎前来的客人。在设计中，设计师们还精心整合了铺石路面和所有细节，使新建筑能够更自然地融入当地环境。

南立面图

西立面图

05

06

07

08 / 主卧室内景

09 / 带有内置橱柜的生活和餐饮区

10 / 带有内置卡座的餐饮区，为人们提供了聚会的好场所

08

09

乡村与梦想

所有入住的客人都喜欢坐在客厅里观赏外面的树林和峡谷。由于窗口的精心设置，这里与主宅之间形成了良好的私密性。虽然总面积不大，客人们却格外喜欢这些房间的独立性。大人住在主套房内，孩子们则可以住在下层的卧室里，一家人可以在客厅和餐厅的巨大空间里尽情欢乐。

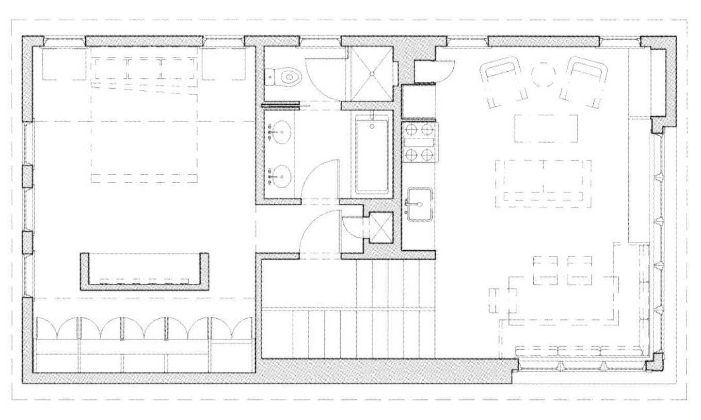
二层平面图

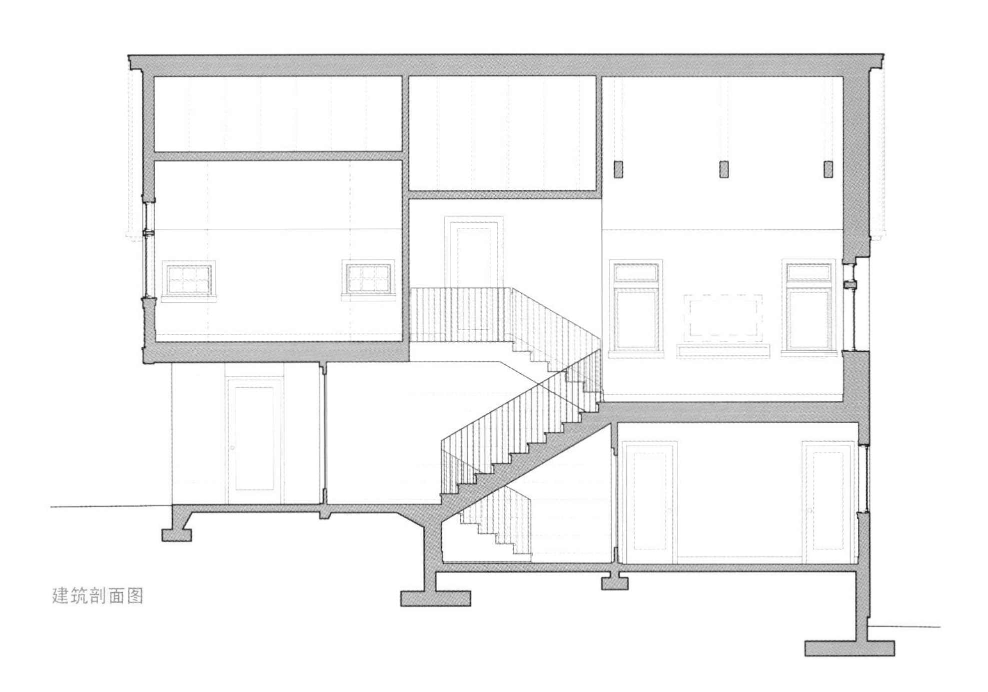
建筑剖面图

希腊圣托里尼腓尼基亚
Finikia, Santorini, Greece

红酒之家民宿
Vino Houses

- 项目面积
  360 平方米（360 square meters）
- 设计
  室内设计实验室（Interior Design Laboratorium）
- 摄影
  伊安娜·卢福普鲁（Ioanna Roufopoulou）

诗意与自然 腓尼基亚（Finikia）是希腊圣托里尼岛（Santorini）上最美丽的村庄之一，周围环绕着遍布葡萄园和脱粒场的山坡，远离繁忙喧嚣的卡尔德拉（Caldera）港口。红酒之家民宿是一个由 3 套夏日出租公寓构成的小型建筑群，位于葡萄园和酒庄之间，这里的斜坡地带布满了石阶和打谷场。

原宅与改变 腓尼基亚当地居民主要是普通的农民和葡萄种植者，因此，这里建筑不多，并且朴实无华，没有任何过多的装饰。实际上，红酒之家民宿是由原本打算作为私人避暑别墅的建筑改造而来的，然而现在它已成为供客人居住的精品夏日公寓。

理念与实现 在不可能对建筑外观进行重塑的情况下，设计师只是对室内进行了细微的改变，对功能用途的转变进行了研究，同时在户外新建了一些空间，以满足额外的接待需求。室内风格与周边景观形态的和谐一致是设计中关注的焦点，打造自然纯朴的风格成为设计师的工作指导原则。

01 / 从 C 栋别墅露台看到的景致

02 / B 栋别墅露台休息区

03 / C 栋别墅的小型游泳池

04 / C 栋别墅露台休息区

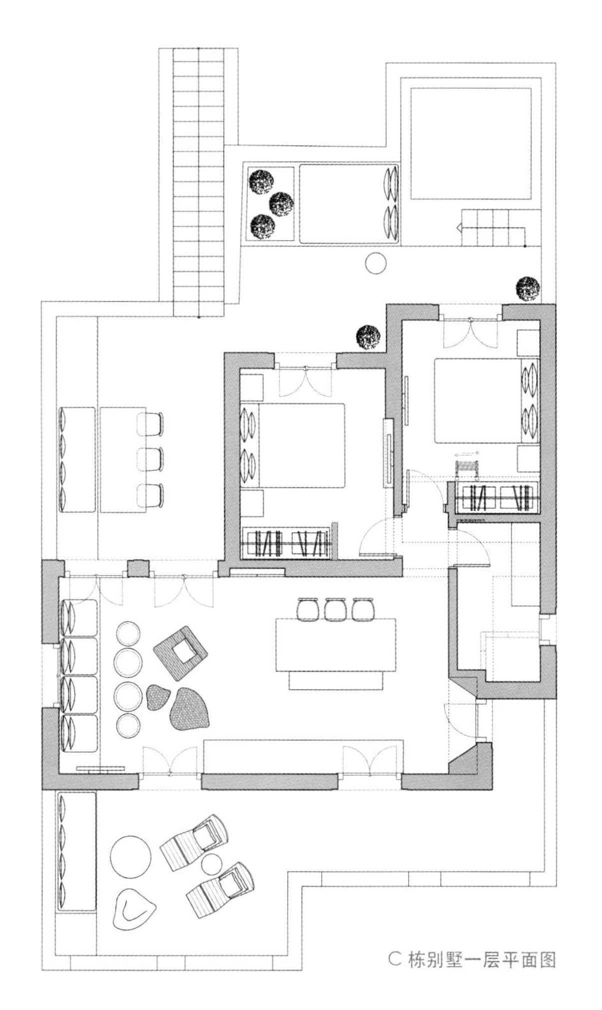

C 栋别墅一层平面图

03

设计师改变了呆板僵硬的室内空间感受，实现了与户外优美自然环境的无缝衔接。而诸如实木、石膏、大理石、陶器和绳索等天然材料的运用，则更加突出了这种空间体验。此外，还改善了家具陈旧刻板的形式，使室内成为一个传统与现代风格相结合的空间，给人以清新质朴的感受。

04

05 / A 栋别墅露台

06 / A 栋别墅小型游泳池

07 / B 栋别墅厨房细部

08 / C 栋别墅的餐厅及厨房

09 / B 栋别墅露台休息区

05

06

07

尤为值得一提的是，手工陶器作坊被改造为宽阔的泳池，并配有餐桌和坐垫。黏土制成的手盆和织物做成的橱柜相结合，为室内增加了生机勃勃的活力。这是一个清新通透的空间，将传统与现代设计理念完美地编织在一起，在舒适宜人的日常生活空间与户外干燥多岩的环境之间创造了平衡协调的关系。

08

09

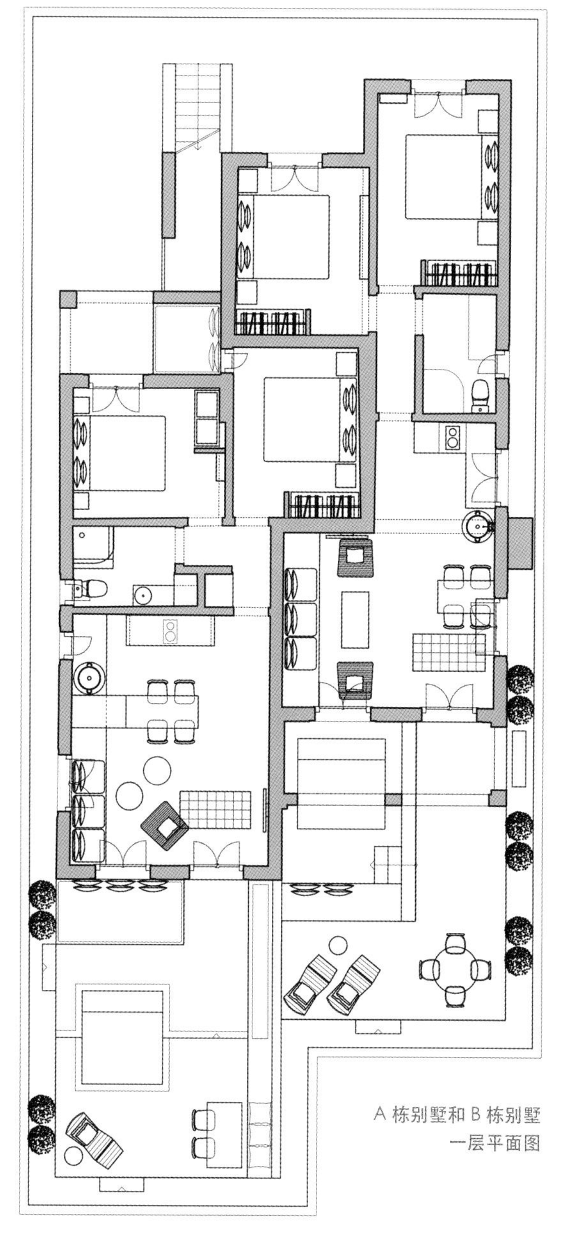

A 栋别墅和 B 栋别墅
一层平面图

10 / C 栋别墅里的装饰摆设

11 / B 栋别墅里的装饰摆设

12 / A 栋别墅的厨房及餐厅

13 / A 栋别墅室内休息区

14 / C 栋别墅室内休息区

15 / A 栋别墅卧室

13

乡村与梦想 在这座安静的小岛上俯瞰美丽的海滩，亲自采摘葡萄酿酒，已经成为人们逃避城市喧嚣，享受惬意田园生活的方式之一。

14

15

韩国杨口
Yanggu, the Republic of Korea

卡兰多别墅
Vila Calando

- 项目面积
  450 平方米 (450 square meters)
- 设计
  CHIASMUS 合伙人事务所
  (CHIASMUS PARTNERS)
- 摄影
  李南生 (Namsun Lee)

01

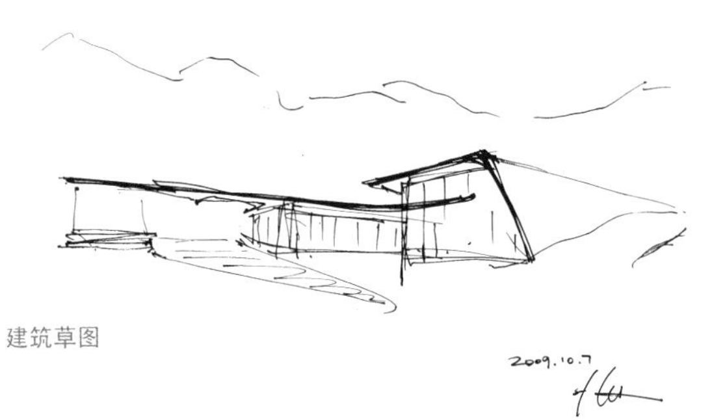

建筑草图

诗意与自然 杨口郡位于韩国东北部地势崎岖的乡村地带，属于内陆山区，拥有天然而美丽的原始风光。这里境内多山，山林资源丰富，自然环境优越，是极为出色的旅游休养胜地。

02

01 / 东侧鸟瞰图

02 / 遥望东湖

03 / 近景

04 / 两块混凝土楼板的碰撞

理念与实现 随着社会经济的不断发展，越来越多的韩国人前往杨口郡度假、滑雪、旅游，希望能够释放都市生活的压力。因此，能够满足游客们返璞归真梦想的建筑，不仅意味着采用低层建筑，以摆脱城市高层建筑的压迫感，还要让人们能够回忆起那些因工业化和商业化而被遗忘的传统生活方式。

05

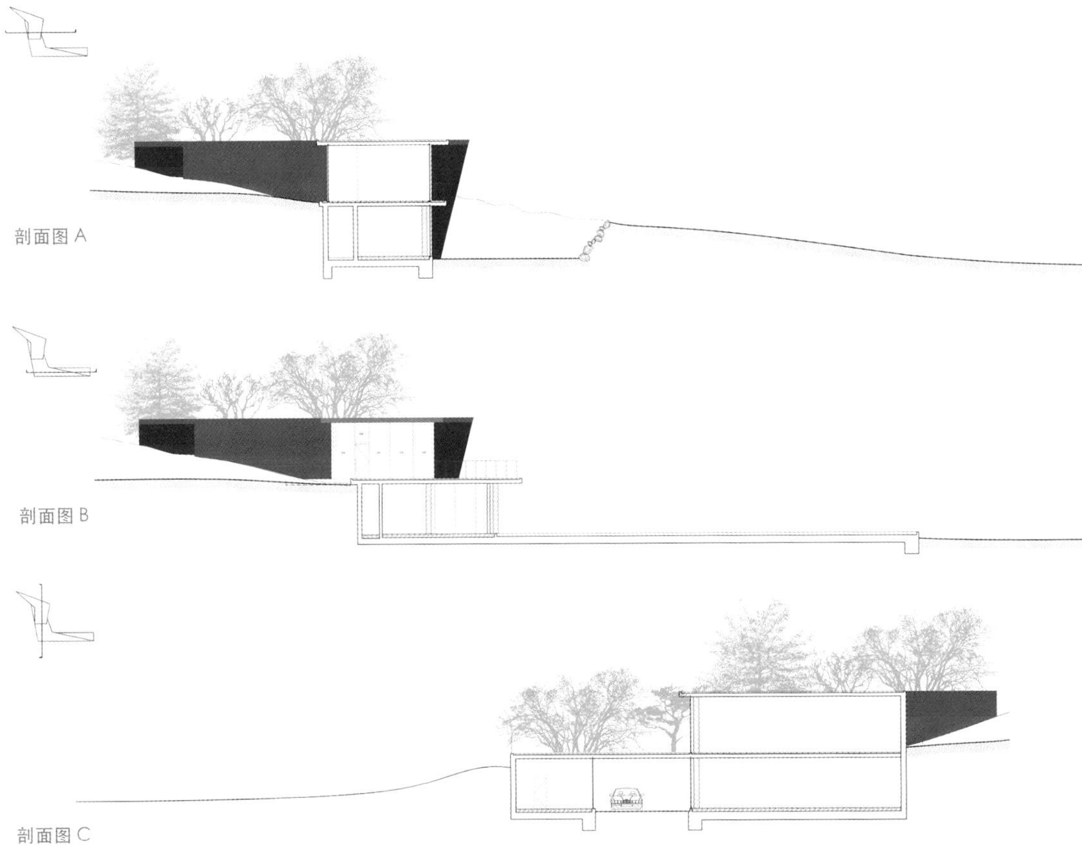
剖面图 A

剖面图 B

剖面图 C

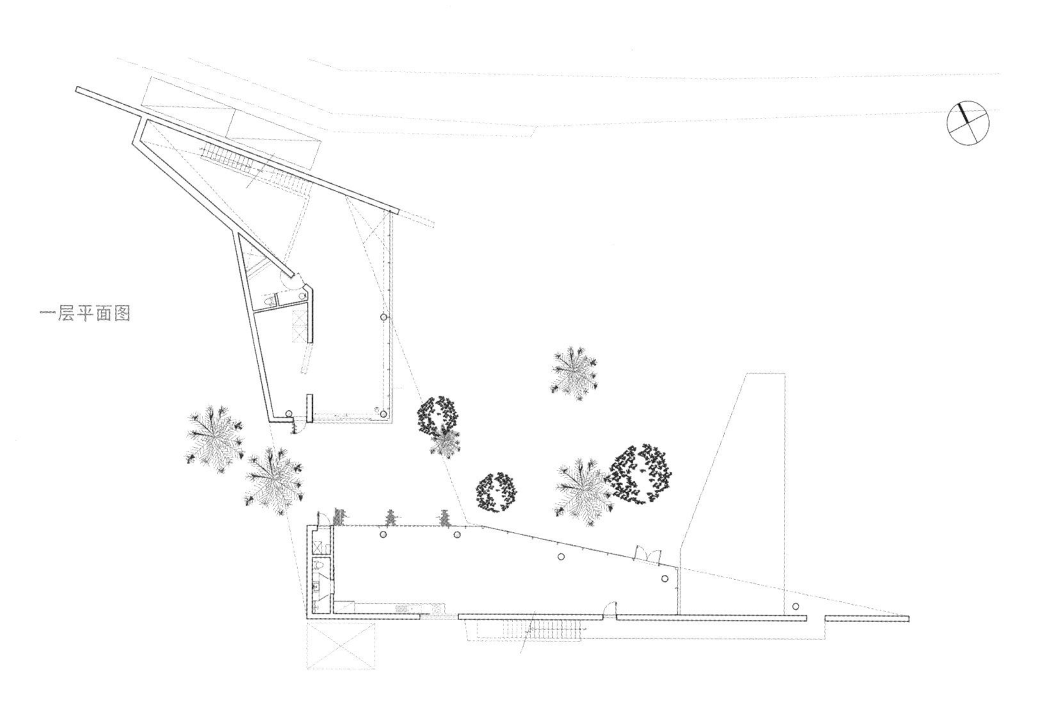
一层平面图

05 / 位于一楼的餐厅

06 / 二楼的浴室可以远眺山脉

07 / 二楼的混凝土板

卡兰多别墅并没有以柔弱、渺小、低调的态度面对自然，而是真诚地拥抱自然，以酒店标准提供了 8 间客房和 4 个卫生间，总面积达到了 450 平方米。别墅采用两种高度不同的混凝土板，以一定的斜角相互交叉连接构成。下层空间的屋顶提供了犹如甲板一样的平台，嵌入高层的空间内，人们可以在上面进入室内，或者仰望天空。虽然别墅的所有墙壁都是竖直的，但是从上方俯视，却没有任何直角的线条设计。当面对不同的自然景观时，人们会感觉每道墙壁都是以同样的方式面对自己，如同在自然中的观赏视角。

06

07

08 / 两面墙与下方的天窗相接

09 / 楼梯连接两块混凝土楼板

10 / 两面墙与上方的天窗相接

11 / 书房位于二楼

08

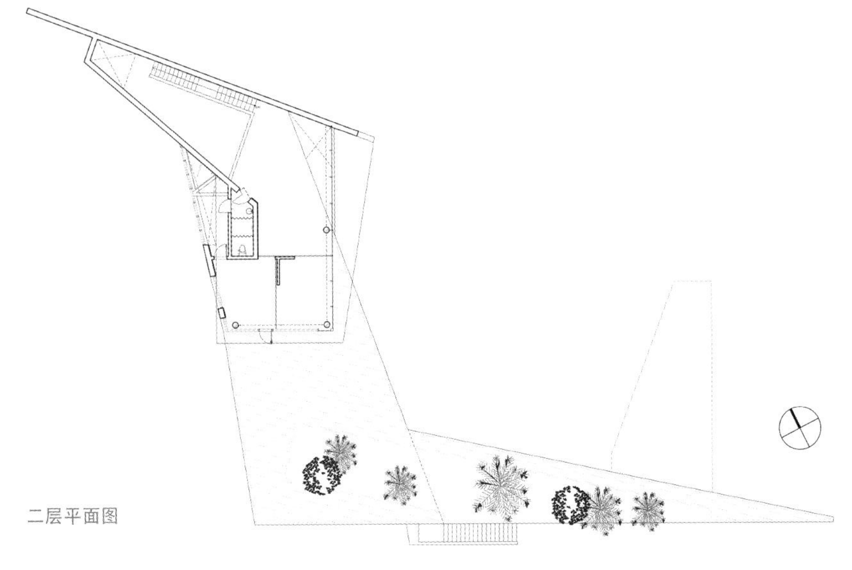

二层平面图

当人们走进民宿，在走廊和休闲空间里漫步，才会发觉，内部空间的深度和高度要远远大于从外部观看的程度。餐厅面向东方，日出时满室晨光。卧室与屋顶花园相通，周围森林的繁茂枝叶成为花园的天然边界。客人沐浴时可以在浴缸中俯瞰后院的景色，眺望远处的高山。

别墅的设计不是为了满足家庭住宅的功能需求，而是在人与自然之间搭建一座城市中难以寻觅的桥梁，让人们重新找回自由和舒缓的感受。设计师相信，这座桥梁会弥合人体与自然之间的差异，在一个超越了规模与度量的空间内与自然环境相融，让人们更为自在和惬意地体验这里的景观。

田园与梦想 在卡兰多别墅，建筑不再是机器和单元，而是人类向自然的延伸。这一理念必定会促进人类探寻城市构造的替代品，鼓舞人们对自由的渴望，去尝试建立人与自然的和谐关系。

09

10

11

日本德岛

Tokushima, Japan

羽成日式民宿

Guest House Hanare

- 项目面积
  61.56 平方米（61.56 square meters）
- 设计
  阿博尔建筑事务所（Arbol Design）
- 摄影
  康德下村（Yashunori Shimomura）

01

诗意与自然　羽成日式民宿坐落在日本德岛，在绵延起伏的青山的环绕下，民宿与周边环境和谐共生。这处民宿很好地体现了日本香橼商中野建一先生的热情好客，他曾是德岛当地的一位业余摄影师，深受人们的喜爱。在他因病离世前，留给妻子峰子女士的遗言中说到“去做喜欢做的事情吧！”目前，峰子女士遵照这一遗嘱经营着“肯氏画廊咖啡店”，这里不仅展出健一先生拍摄的照片，偶尔还会举办一些音乐活动。

理念与实现　很多远道而来的客人都是为了一尝当地的特产“纪藤柚子”，但是这里却缺少供游客们住宿的地方。峰子女士为此感到遗憾，于是决定开设一家民宿。

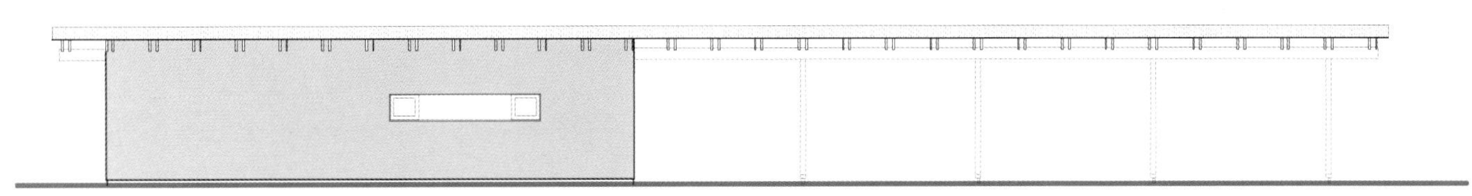
东立面图

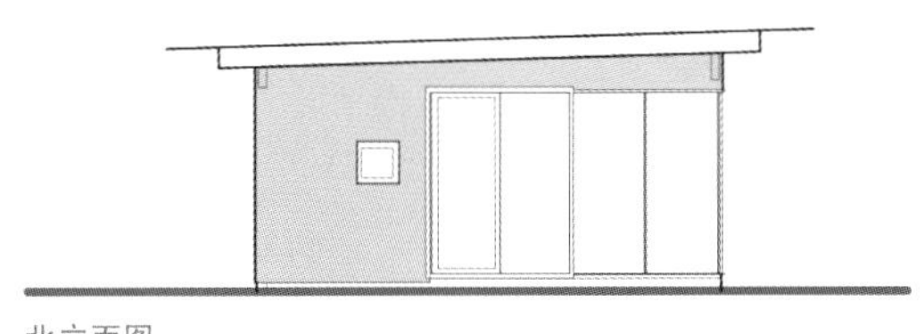
北立面图

01 / 民宿周边静谧的自然风景

02 / 通向民宿的木质露台

03 / 民宿全景图

由于民宿所在地地势开阔，住宅距离入口有一定距离，因此，设计师在两者之间搭建了一座木质栈桥作为通道。通过这座桥，人们便从平淡的日常生活环境进入非凡的生活意境，从现实的世界进入梦幻的世界。房屋四周铺满了砾石，周围环境被刻意地保持原样，以使人们能与葱郁的绿色环境保持亲密接触。为了与自然环境和谐相融，房子的高度也比较低。设计师设置了一个没有墙壁的空间，可以供很多人轻松惬意地聚在一起。

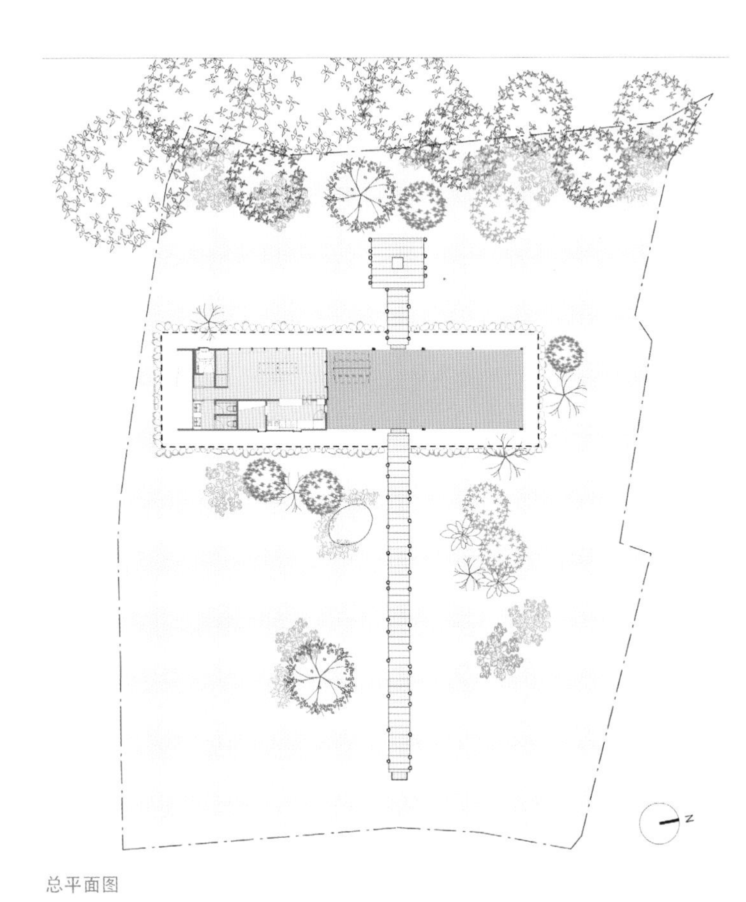

总平面图

04

客房的空间体现了日本传统的空间设计规则，可以被用作卧室、餐厅、客厅，将屋顶下的隔板移除后，还可以举行各种活动。住宅的一部分结构选用了当地的雪松木作为材料，灯罩的面料也是本地生产的用楮树皮织成，被称为“太布”的布料。在装饰方面则使用了各种天然的材料，例如柿漆与木炭砂浆，自然而质朴。

05

04 / 民宿室外休息区

05 / 和民宿相连的遮阳棚

06 / 民宿墙壁由透明玻璃构成

07 / 从外部看白天用作茶室的室内空间

08

09

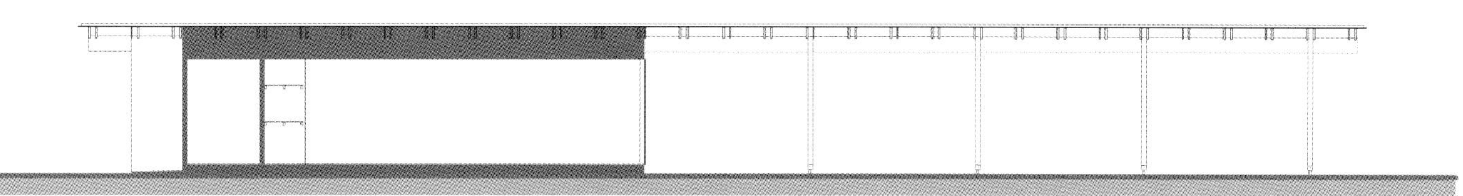
剖面图 A

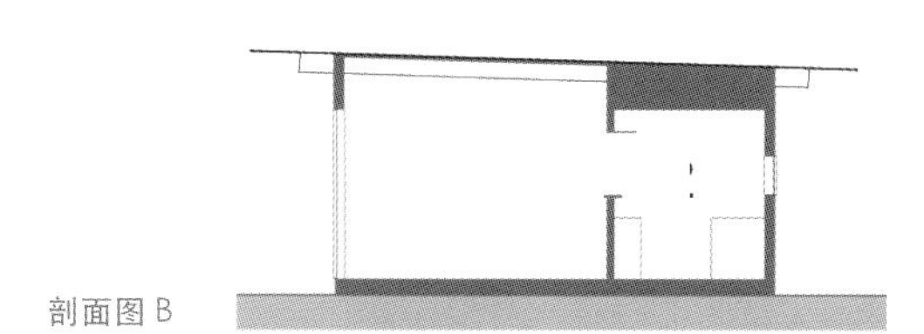
剖面图 B

08 / 室内空间在白天用作茶室

09 / 室内小厨房

10 / 室内空间在夜间用作卧室

乡村与梦想 这里还保留了姿态万千、枝叶秀美的柚子树、李子树和柿子树。改建后，剩余的石块被用来装饰新建的砾石与草地区域之间的分界线。峰子女士还用当地的美食款待八方来客，凭借着峰子女士“想做就做”的经营理念，客人们将会更好地享受纪藤村的美景和这座民宿怡人的环境。

哥斯达黎加诺萨拉
Nosara, Costa Rica

纳鲁民宿
Nalu

- 项目面积
  656 平方米（656 square meters）
- 设计
  萨克斯工作室（Studio Saxe）
- 摄影
  安德烈斯·加西亚·拉赫纳
  （Andrés García Lachner）

01

诗意与自然 在哥斯达黎加（Costa Rica）诺萨拉（Nosara）的热带景观中，纳鲁民宿被葱葱郁郁的植被包围着。这是民宿设计师对可持续性建筑理念的实践，将现代设计与当地的手工艺结合在一起，与周边的自然环境和谐相融。

理念与实现 对于世界各地追求养生、健康和喜爱冲浪的游客来说，诺萨拉早已成为理想的度假胜地。因此，纳鲁民宿的所有者需要一个能够展示入住游客生活态度的设计。

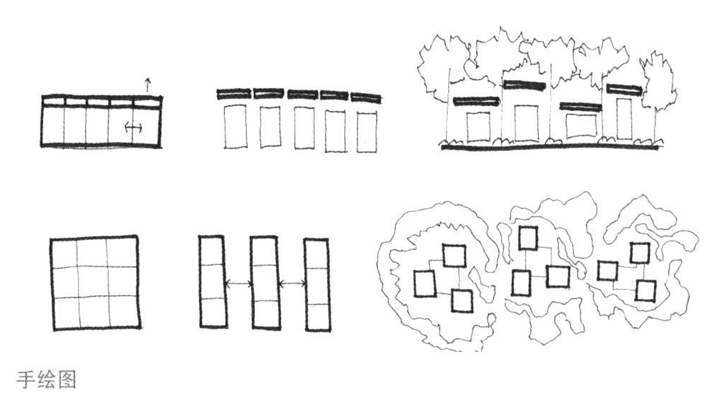
手绘图

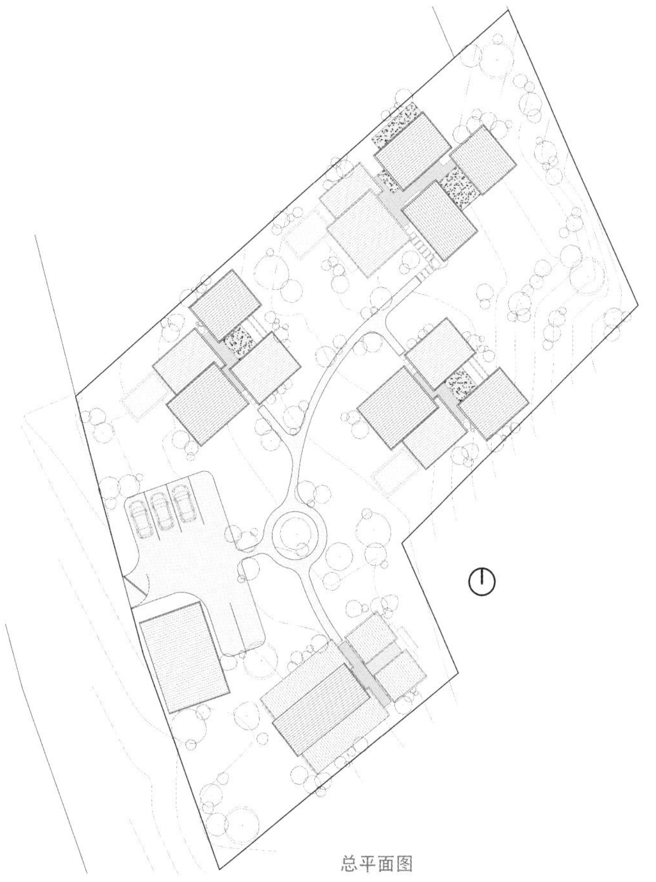
总平面图

02

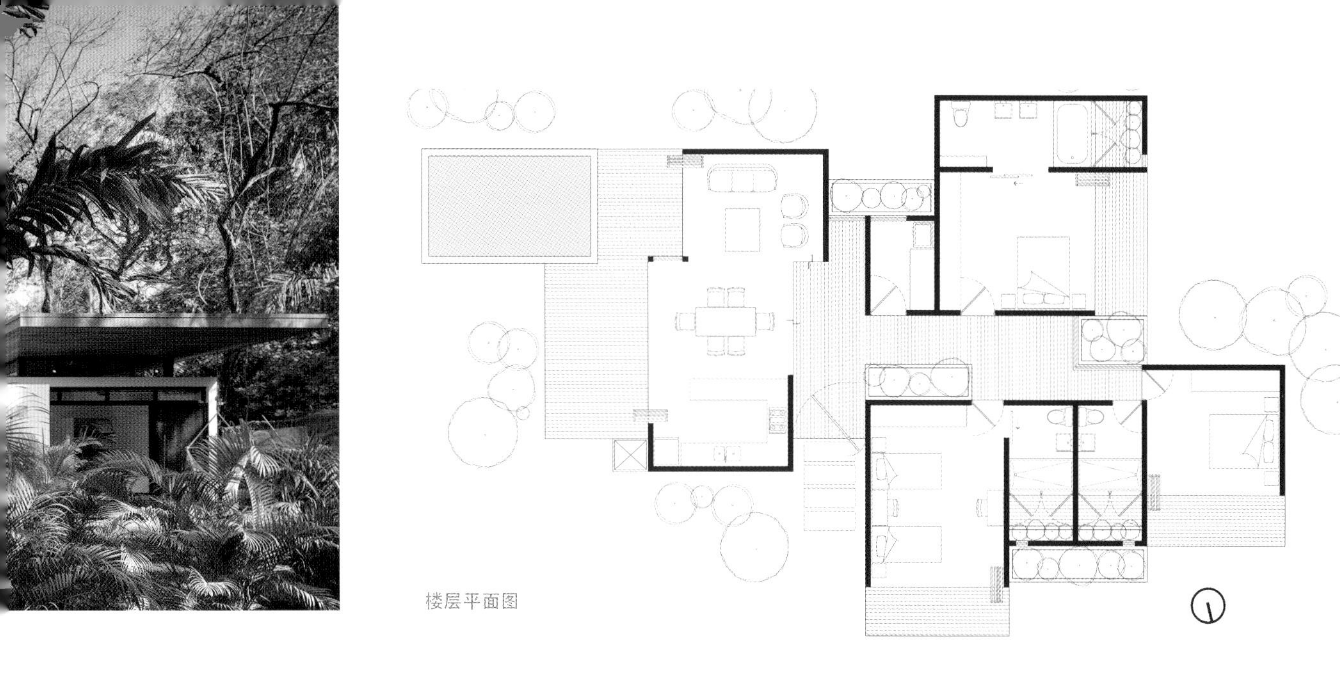

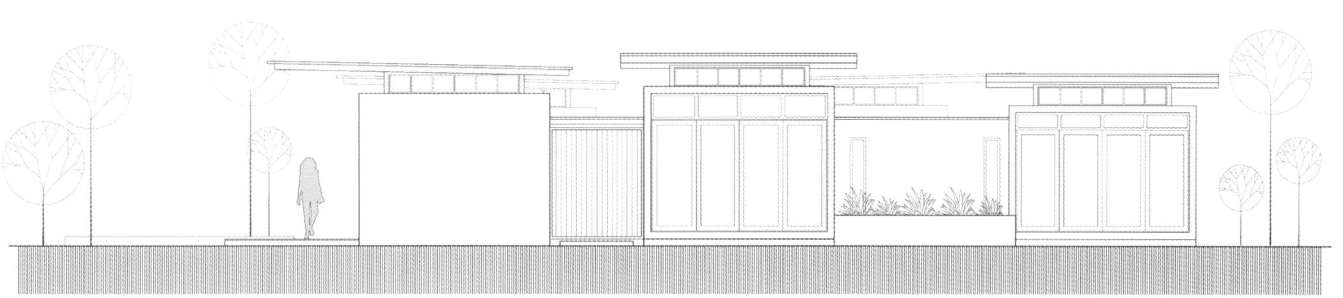

外立面图 A

01 / 建筑外观正面

02 / 绿植掩映下的民宿一角

03 / 民宿庭院休息区

04 / 通往民宿的小路

05—07 / 民宿内部的特色瑜伽练习区

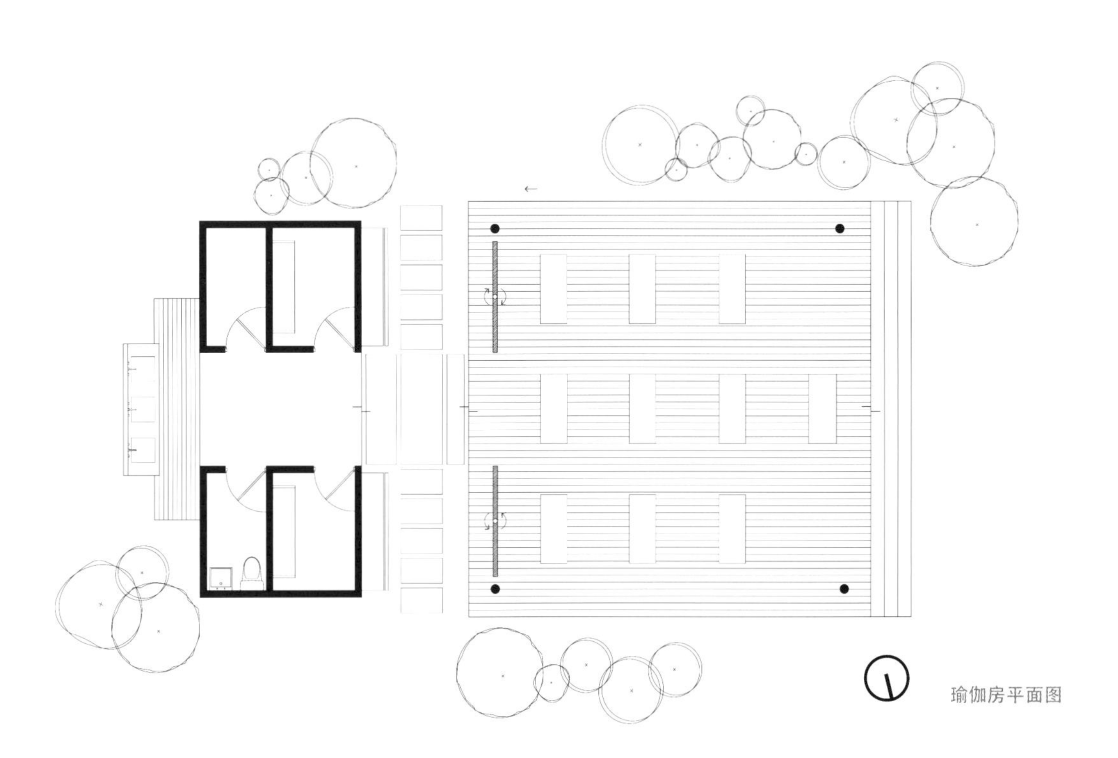

瑜伽房平面图

05

06

瑜伽房已经成为深受客人欢迎的多功能健身空间，四周围绕着郁郁葱葱的绿色植被，成为适合人们锻炼和放松的丛林静地，距离海边也只有几分钟的步行路程。

通过打破传统酒店的单体结构模式，建筑师们得以将居住空间散布于林木之间，创造出一种被环抱于自然世界之中的私密感。

民宿为客人们提供的与其说是房间，还不如说是凉亭，重叠搭建的木质屋顶突出于每个凉亭之上，遮蔽了赤道地区强烈的阳光。

这些屋顶是用回收的柚木板制成的，打造出凹凸不平的造型，进一步强调了当地的手工艺术与现代设计之间形成的张力。这些房间通过走廊连接在一起，走廊不仅过滤了从凉亭屋顶上透过的斑驳光线，还打造出了更多的景观视角，方便游人们观看绿意盎然的外部景观。

07

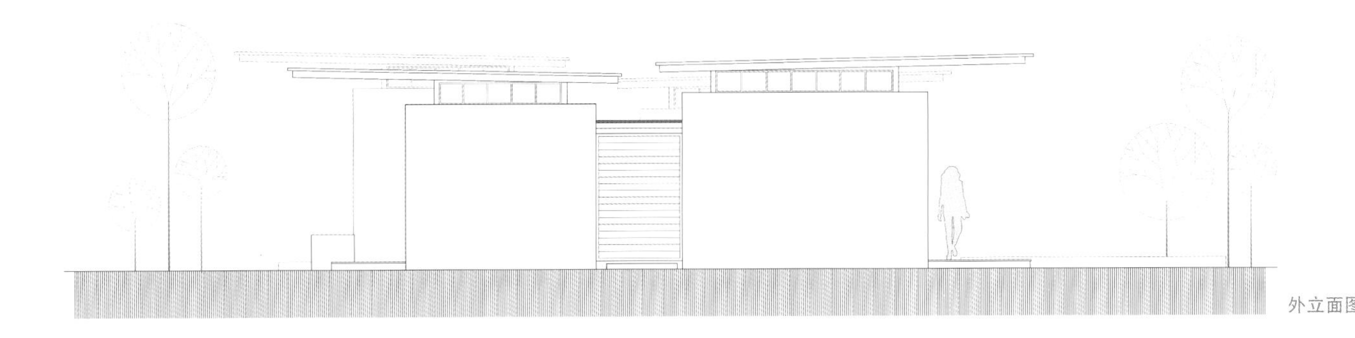

外立面图 B

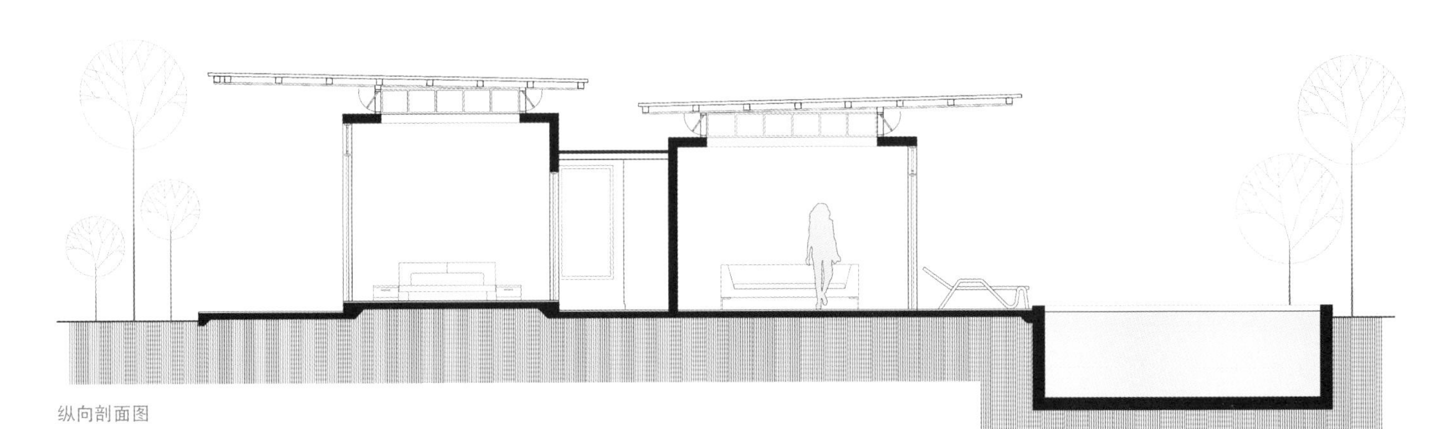

纵向剖面图

08

09

10

11

乡村与梦想 建筑师认为，纳鲁民宿的建设体现了简单、低调的现代热带建筑所具有的力量，并迅速成为城镇的宠儿。纳鲁民宿不仅满足了现代生活的需求，还展现了人们的真实愿望——拥有更为亲近自然的空间。

08 / 舒适的客厅

09 / 玻璃墙将室内外自然地连接在了一起

10 / 简约舒适的卧室

11 / 户外浴缸

墨西哥图卢姆
Tulum, México

萨纳拉精品酒店
Sanará Hotel

• 项目面积
1551 平方米（1551 square meters）
• 设计
工作室建筑事务所（Studio Arquitectos）
• 摄影
巴勃罗·加西亚·菲格罗亚
(Pablo García Figueroa)

01

诗意与自然 萨纳拉精品酒店集酒店服务和健康中心于一体，位于墨西哥图鲁姆市（Tulum），图鲁姆是古玛雅文化的重要遗址，文化意蕴浓厚。酒店面向碧波荡漾的加勒比海，内部提供了可以进行康复、放松和娱乐等活动的空间，还设有 18 间豪华客房。酒店的设计构思以城市环境的隐喻和自然氛围为基础，虽然具备城市建筑的特点，却仍能为客人们提供宁静、纯净和原生态的环境。为了适应场地的自然条件，例如海风、海龟和汹涌的海浪，这里的所有建筑都高架于地面之上。

一层平面图

01 / 萨纳拉酒店外海滩上的日出

02 / 萨纳拉酒店的正门入口

03 / 用罗望子树木建造的阳台和甲板

04 / 健康中心周围环绕着当地的棕榈树

理念与实现 健康中心位于萨纳拉精品酒店的中心地带，被周围的建筑包围，这里可以针对人们的身体、心理、精神或者整个身心进行治疗。瑜伽馆则用于瑜伽静修和冥想，以及进行研讨和会议等活动。众多用罗望子树木建造的房间以基座或前部的平台为轴心，都面朝大海，为此刻意在建筑角度上进行了调整，这是为了适应位于建筑中部的健康中心的布局。别墅区位于距离海岸稍远的位置，是一座沙滩丛林住宅，拥有可供多个家庭享用的、足够的私人空间。顺便一提，无论从酒店还是瑜伽馆角度都可以欣赏到海景。包括健康中心在内的所有一切，都是为了提升游客在此地的体验。

05 / 萨纳拉酒店海滩俱乐部的清晨

06 / 椰子餐厅的日光甲板

07 / 用罗望子树木建造的房间

08 / 健康中心的楼梯上布满了光影

综合建筑整体由这些独立的高架房屋构成，而不是一个单体建筑，这样的布局可以为每个房间提供充足的光线和全景的视野。在这些独立的房间能够更充分地感受到建筑四周的湿度和气流，并进行适当的通风调节；这种房屋结构还避免了影响海

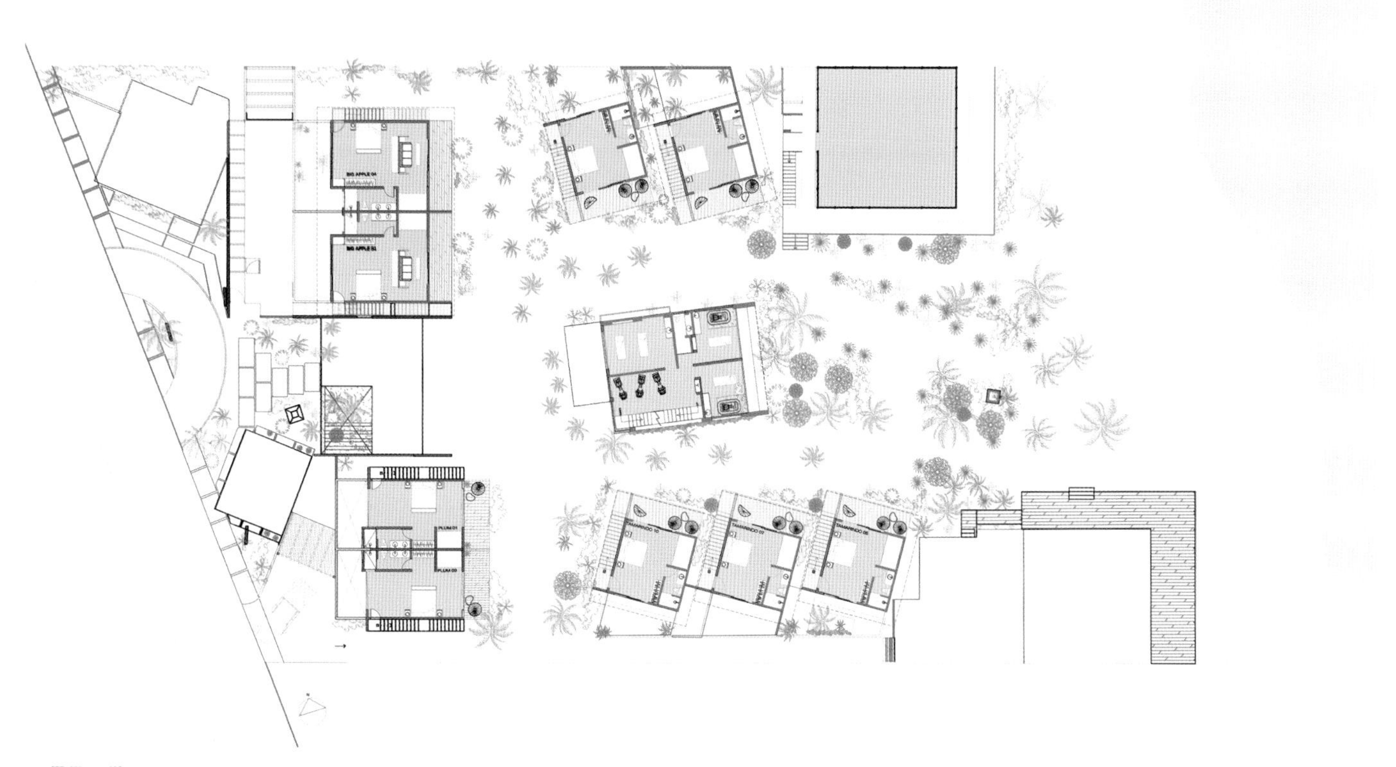

二层平面图

龟和其他动物在沙滩上的行进路线，使它们可以在这里筑巢，继续自然的生命周期；在飓风袭来的时候，这种结构还可以让强风通过，而不是击中实体的建筑表面；最后，这种高架结构在美学上也与简洁的线条和简单的设计意图相一致，为上方那些“方盒”般的房间提供了有力的支撑，这也是当代外部设计理念的一部分。这些高悬的框架房屋还提供了遮阳和避雨的功能，这也是一种独特设计语言的标志。

07

08

09 / 健康中心的屋顶

10 / 萨纳拉酒店的瑜伽馆

11 / 瑜伽馆的露天平台

12 / 健康中心的按摩室

13 / 客房的私人庭院

14 / 用望罗子树木建造的浴室

09

10

11

为了"软化"混凝土建筑与加勒比丛林环境之间形成的反差，设计师们在装饰材料上大做文章。"软化"是为了给游人们提供更自然的视觉感受，并展现材料的独特纹理，这一灵感均来自优卡坦半岛（Yucatan Peninsula）的当地元素。室内的主要材料是抛光混凝土，不仅展现了自然细腻的纹理，并且只通过这一种材料便表达了整体的设计构思。酒店的大部分内墙和固定家具都采用了白色抛光混凝土，而室内的地面则采用了灰色抛光混凝土。作为对墙壁和地面装饰的补充，一些房间和餐厅的景观墙上应用了加勒比胡桃木，这是一种奇异的玛雅硬木，在建筑前部和后部的露台上也铺设了这种色调温暖的天然材料。在瑜伽馆内，为了给练功者提供更为舒适和优雅的环境，铺设了精美的木质地板，人们可以赤脚感受与这种传统材料之间的触感。此外，其他一些重要的木质构件，例如门窗、卧床、家具、装饰、扶手栏杆和平台结构等，使设计形成了统一的风格。白色的玛雅石是设计中的另一项补充性装饰，强调了当地传统建筑的观感。它们被放置在空间内特定的墙面上，人们可以通过视觉和触觉去感受它们的魅力。

为了以独特的材料体现出浴室的个性，设计师开发了一种使用混凝土现场制作的木纹压印件，不仅带来了自然的材料感受，还呈现出空间所寻求的现代触感。

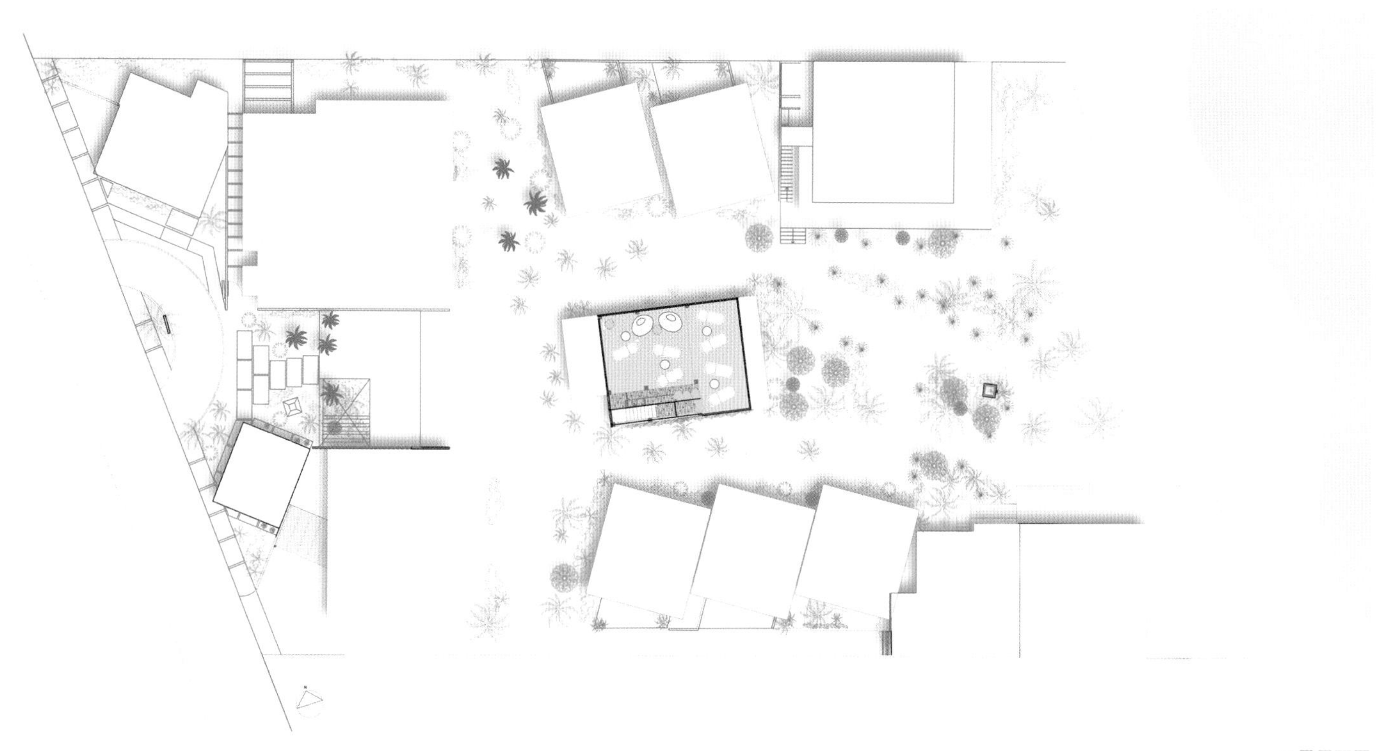

三层平面图

12

13

14

15

16

15 / 萨纳拉别墅的主起居室

16 / 萨纳拉别墅的主卧室

17 / 萨纳拉酒店的椰子餐厅

除了这些重要的材料之外，如水泥砖瓦等材料所具有的纹理也令空间的自然感受更加完美，以特殊的方式打破了表面的平整特征，形成了一些美妙的纹理线条，提供了独特的辨别标识。实际上，皇家椰子餐厅（萨纳拉餐厅）正是通过这些设计体现了自己的品牌身份。这些水泥砖瓦是由优卡坦半岛梅里达市(Merida)的专业工匠制造的，还有泥浆制作的格架，可以使气流和光影穿透到健康中心和走廊内部，剑麻纤维制成的绳索界定了栏杆扶手的空间，并打造出延伸到边界区域的天花板框架，在天花板上投射出趣味横生的影子。

田园与梦想 萨纳拉酒店以简洁明快、底蕴深厚的设计精髓成为图卢姆海滨和墨西哥加勒比地区的设计典范。原生态的自然环境以及空间设计让住客们更加亲近自然，入住这里，能够获得更为美好的乡村体验。

希腊圣托里尼岛伊莫罗维格里
Imerovigli, Santorini, Greece

360° 火山口观景屋
360° Caldera View House

• 项目面积
110 平方米（110 square meters）
• 设计
玛利亚·夏齐斯塔夫鲁 – 青橙装饰公司
(Maria Chatzistavrou—Lime Deco)
• 摄影
瓦西里斯·埃利亚季斯 (Vassilis Eliades)

01

诗意与自然　圣托里尼岛（Santorini）也许是希腊最具迷人魅力的岛屿。仅仅是它的名字就足以令人联想到惊艳的暮色和风光，白色、红色和黑色的沙滩，以及可以观赏火山的传统住宅和阳台，这些都让来过这里的人们难以忘怀。圣托里尼岛的半月形海湾位于火山口的中心部位，这里是世界上最美的观景胜地之一，每年吸引数十万游客前来观光。令人惊奇的是，在圣托里尼岛上的红色峭壁上，坐落着无数的村庄，那些粉刷成白色的房屋中居住着成千上万的游客。

理念与实现　“360° 火山口观景屋”位于圣托里尼岛的伊莫罗维格里（Imerovigli），这里是该岛新月形海湾最狭窄的地带，拥有环顾岛屿四周的绝佳视野。住宅面积为 110 平方米，包括一个主客厅、带有厨房的餐厅和两间共享一间浴室的独立卧室。此外，在主入口上方还有一个小型的阳台，人们站在上面可以俯瞰火山口的美景，而另一个更大的阳台则拥有观赏火山口的全景视野。

由于住宅四面都设有窗口，室内充满了明亮的光线和清新的空气。住宅的中部是客厅、餐厅和一个可以接待更多客人的阁楼，还有一个已经建成的厨房，其内部用米色的水泥进行了修饰。浴室内的某些组成部分也采用了同样色调的水泥砂浆。

01 / 民宿露台上的浴缸
02 / 可以观赏到美丽海景的阳台
03 / 客厅和厨房

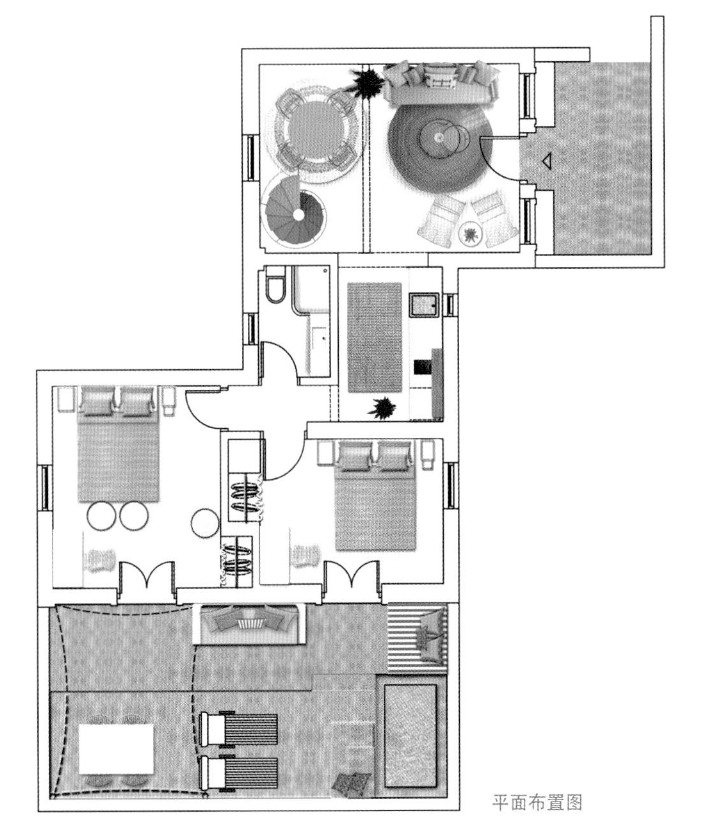
平面布置图

02

03

04

05

06

04 / 从顶部看客厅

05 / 带有舒适座椅的室内一角

06 / 用餐区

07 / 卧室一角

08 / 衣橱

09 / 厨房

07

08

09

卧室内的白色床头板是用竹子和亚麻制成的，开放式衣橱则是用石膏板制作的，卧室内还设有一个用处很大的桌子。卧室的两个出口都可以通往大型共享阳台。

中部的阳台上有一个朝向火山口的按摩浴缸和太阳椅，还设置了休息区和一个带有遮棚的就餐区。不同高度的地面都是采用水泥砂浆建造和修饰的。

在住宅的装饰上，设计师采用了竹子、藤条、亚麻等天然材料，强调天然色彩和白色的主色调。波西米亚风格的装饰展现出轻松、朴素和简单的生活方式，同时也略带一丝奢华气息。

田园与梦想 “360°火山口观景屋”位置便利，为客人们前往其他村庄、乘船游览，以及参观酒厂和著名的海滩提供了绝佳的地理位置。当然，人们也可以足不出户，在私家阳台上安静地欣赏美不胜收的夕阳美景。

希腊圣托里尼伊亚村
Oia Village, Santorini, Greece

1864 船长之家
1864 The Sea Captain's House

01

- 项目面积
  100 平方米（100 square meters）
- 设计
  帕西奥斯建筑和建设公司
  (PATSIOS architecture and construction)
- 主创设计师
  帕西奥斯・波图卢西斯・阿纳斯塔西娅
  (Patsiou Boutoulousi Anastasia)
  帕西奥斯・波图卢西斯・约克姆
  (Patsios Boutoulousis Ioakeim)
- 摄影
  帕特拉基斯・范吉利斯 (Paterakis Vangelis)
  米凯利斯・阿内斯蒂斯 (Michalis Anestis)

诗意与自然 圣托里尼岛（Santorini）是爱琴海上一组由火山组成的岛屿。3500 年前，一次猛烈的火山爆发在岛上留下了一个巨大的火山口，今天，这个火山口已经成为著名景点，每年有大量游客专门前来参观。1864 船长之家地处伊亚村（Oia Village）的尽头，毗邻通往村庄的要道，是这里为数不多的住宿地之一。

02

01 / 1864 船长之家的私人高露台拥有观看大海、火山和火山口景致的完美视野

02 / 船长之家的屋外是最受欢迎的观看日落的地点之一

03 / 船长之家的走廊

横剖面图

在船长之家，入住的游客们能够在这里体验回家的感受，还可以尽情观赏火山口和火山岛屿的独特景色。

理念与实现 1864 船长之家是一栋两层住宅，一部分嵌入到峭壁之中，上层的外观用深色的火山石建造，颇具文艺复兴时期的风格；而下层建筑的外观是更为传统的海岛风格，呈现出被冲刷过的奶白色。

民宿的室内设计追求轻松舒适的氛围，并散发出微妙的豪华感，悄然暗示着民宿优雅别致的风格。在建设正式完工之后，全新的民宿空间不仅呈现出当地简单明快的建筑特色，同时还融入了同样简洁明快的现代设计元素。

04

05

设计师选择白色作为唯一的主导色调，尽可能使光线得到最大程度的散射，从而勾勒出洞穴住宅轮廓独特的传统形态。白色灰泥的内墙、内置家具、白色的平台地板和水泥砂浆面层共同构成了一个简单抽象的实体结构。人工照明灯具的设计也尽可能与建筑元素相融合，弥补了洞穴结构造成的自然光线不足的问题。此外，设计师还选用两个古旧的木箱子作为咖啡桌和电视桌，并布置了黑色的金属座椅、古老的金属家具、手工制作的金属灯具和希腊艺术家瓦瓦西斯·乔治（Vavatsis George）创作的一些陶器。这些色彩独特的器物与白色的背景形成了鲜明的对比，强化了装饰细节，同时也为游客们展现出 1864 船长之家古老的传统装饰风格。

06

07

04 / 主客房拥有传统的弧形天花板

05 / 民宿的次卧

06 / 主客房的睡眠空间

07 / 民宿的生活空间

08 / 接待处的一部分

08

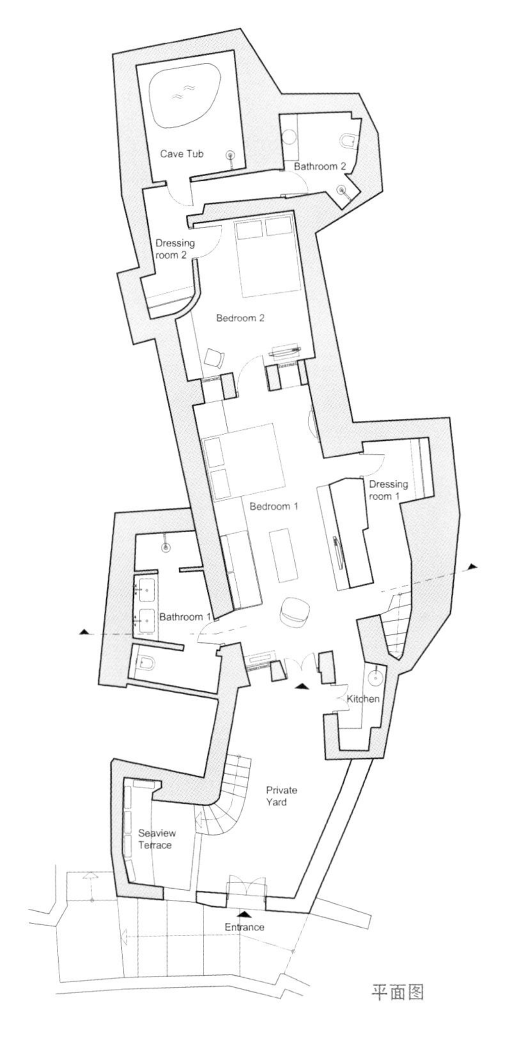

平面图

09

10

11

乡村与梦想 伊亚村和圣托里尼岛的悠久历史与爱琴海、当地的葡萄酒和国际贸易密不可分。当然，还有最为引人注目的圣托里尼岛的焦点——火山和浸满海水的火山口。当游客走进 1864 船长之家，将会慢慢体验到这座岛屿的全部历史。

09 / 主浴室采用当地大理石和水泥砂浆建造

10 / 主浴室的墙壁细节

11 / 民宿私人按摩浴缸

12 / 民宿客房的私人露台享有的海景视野

13 / 民宿的私人传统庭院

12

13

设计单位名录

CCDI 北智室内设计

(p.30)

电话：010-84266241

邮箱：GWdesign@yeah.net

地址：中国北京市朝阳区东土城路 12 号怡和阳光大厦 C 座

CHIASMUS 合伙人事务所

(p.226)

网站：ar-chiasmus.com

电话：+ 02 592 0027

地址：韩国首尔麻浦区西桥大厦 1007

noa* 建筑设计公司

(p.186)

网站：www.noa.network/de/home-1.html

电话：+39 0471 1880941

地址：意大利博尔扎市维亚莱多索 231 号

阿博尔建筑事务所

(p.232)

网站：www.arbol-design.com

电话：+06 6777 3961

地址：日本大阪府大阪市西区本町 1-9-18

八荒设计

(p.22)

网站：studio8-sh.com

电话：021- 62290539

地址：中国上海市静安区万航渡路 888 号 16B

北京多向界建筑设计

(p.152)

网站：www.vagueedge.com

电话：010-80478450

地址：中国北京市朝阳区崔各庄国际金融示范区

北京方石建筑

(p.174)

网站：www.monoarch.cn

电话：18601224124

地址：中国北京市朝阳区东亚望京中心 B 座 2021

北京使然建筑设计有限公司

(p.88)

网站：www.shalldesign.cn

电话：010-85639311

地址：中国北京市朝阳区农展馆南路 13 号瑞辰国际中心 317 室

成都赤橙室内设计有限公司

(p.102)

邮箱：colin@yolovilla.com

电话：17345912069

地址：中国成都市高新区天府大道中段 500 号东方希望天祥 A 座 11 层

高伟民

(p.80)

电话：13605811101

邮箱：327651730@qq.com

地址：中国浙江省杭州市桐庐深奥老街 577 号

工作室建筑事务所

(p.244)

网站：studioarqs.com.mx

电话：+52 984 124 0887

地址：墨西哥图卢姆金塔纳罗奥州图卢姆区 01 曼萨纳 02 号

杭州全文室内设计

(p.66)

网站：www.quanwends.com

电话：13777403616

地址：中国浙江省杭州市上城区候潮路金都华府 7 幢 105

杭州时上建筑空间设计事务所

(p.52,p.116)

网站：www.atdesignhz.com

电话：0571-85216267

地址：中国浙江省杭州市江干区钱塘航空大厦 2 幢 2111-12

黄志勇

(p.108)

电话：13305810533

邮箱：459218823@qq.com

地址：中国浙江省杭州市西湖区西溪科创园 1-1-201

杰地际加（杭州）建筑设计事务所 / 玮奕国际设计工程有限公司

(p.128)

网站：www.gad.com.cn/ www.lw-id.com

电话：0571-87769109/ +886 2 2702 2199

地址：中国浙江省杭州市西湖区玉古路 161 号 / 中国台湾省台北市敦化南路 1 段 376 号 10F-1

景会设计

(p.38)

网站：www.arespartnersltd.com

电话：021-61204086

地址：中国上海市徐汇区建国西路 406 号 203 室

静谧设计研究室

(p.60, p.168)

网站：www.qpdro.com

电话：0571-85830271

地址：中国浙江省杭州市滨江区东信大道 92 号

空间进化（北京）建筑设计有限公司

(p.160)

网站：www.evolutiondesign.com.cn

电话：010- 84109696

地址：中国北京市朝阳区樱花园 17 号

里卡多·巴索特利／马可·因诺森蒂
(p.208)
网站： www.locandaalcolle.com
电话： (+39) 0584 915 195
地址： 意大利卢卡卡马约雷

理查德·比尔德／布莱森景观建筑事务所／尼古拉斯·文森特设计事务所
(p.202)
网站： www.richard-beard.com/www.blasengardens.com/www.nicholasvincent.com
电话： (+001)415 458-2600/(+001)415 485 3885/(+001)415 341 0332
地址： 美国加利福尼亚州旧金山市／美国加利福尼亚州圣安塞尔莫／美国加利福尼亚州旧金山市

鳞见设计工作室
(p.146)
网站： www.linjiandesign.com
电话： 13260207389
地址： 中国北京市朝阳区望京街合生麒麟社 2 号楼 2103 室

玛利亚·夏齐斯塔夫鲁－青橙装饰公司
(p.252)
网站： www.limedeco.gr
电话： (+30) 210 7223157
地址： 希腊雅典科隆纳 10676

帕西奥斯建筑和建设公司
(p.256)
网站： patsiosac.gr
电话： (+30) 2310 313605
邮箱： patsiosac@gmail.com

萨克斯工作室
(p.238)
网站： studiosaxe.com
电话： +44 (0) 20 8144 2721
邮箱： info@studiosaxe.com

三文建筑
(p.6)
网站： www.3andwichdesign.com
邮箱： contact_3andwich@126.com
地址： 中国北京市朝阳区望京西路 48 号院金隅国际 A 座 12B05

沈勇
(p.122)
电话： 13805716732
邮箱： 449365080@qq.com
地址： 中国浙江省杭州市拱墅区通益路 loft49 创意园

室内设计实验室
(p.220)
网站： www.idlaboratorium.gr
电话： (+30) 210 9249415
地址： 希腊圣托里尼

斯内尔·斯蒂纳森
(p.194)
网站： www.snorrestinessen.com
电话： (+47) 91 58 09 77
地址： 挪威特罗姆瑟

索柏设计
(p.180)
电话： 13911251253
邮箱： poso@163.com
地址： 中国北京市西城区小糖房胡同五号

泰勒·恩格尔建筑师事务所／托特施工
(p.214)
网站： tylerengle.com/www.tothconstruction.com
电话： (+001) 206 621 7150/(+001) 206 242 9093
地址： 美国华盛顿州西雅图市西湖大道 2126 号／美国华盛顿州西雅图市第二大道 6506 号

王喆仡
(p.140)
电话： 13905818313
邮箱： 652789664@qq.com
地址： 中国浙江省湖州市德清县莫干山镇紫岭村

西安本末装饰设计有限公司
(p.94)
网站： www.benmosheji.com
电话： 029-81878660
地址： 中国陕西省西安市曲江新区翠华路 9 号职大楼 203 室

氙建筑
(p.72)
网站： www.xianarchitects.com
电话： 18612558281
地址： 中国北京市顺义区绿地启航国际

一本造建筑设计工作室
(p.14)
网站： www.onetakearchitects.com
电话： 15810692893
地址： 中国浙江省杭州市余杭区良渚文化村

张雷联合建筑事务所
(p.46)
网站： www.azlarchitects.com
电话： 025-51861369
地址： 中国江苏省南京市南京大学北园

究境建筑
(p.134)
电话： 15957188533
邮箱： A9Astudio@163.com
地址： 中国浙江省杭州市钱江国际时代广场 1 号楼 1802

图书在版编目（CIP）数据

乡村民宿 / 何崴，付云伍编译. -- 南京：江苏凤凰科学技术出版社，2020.1
ISBN 978-7-5713-0244-3

Ⅰ. ①乡… Ⅱ. ①何… ②付… Ⅲ. ①农村住宅－建筑设计 Ⅳ. ①TU241.4

中国版本图书馆CIP数据核字(2019)第062076号

乡村民宿

编　　译	何　崴　付云伍
项目策划	凤凰空间
责任编辑	刘屹立　赵　研
特约编辑	孙　闻　章山川
版式设计	张　晴
出版发行	江苏凤凰科学技术出版社
出版社地址	南京市湖南路1号A楼，邮编：210009
出版社网址	http://www.pspress.cn
总　经　销	天津凤凰空间文化传媒有限公司
总经销网址	http://www.ifengspace.cn
印　　刷	广州市番禺艺彩印刷联合有限公司
开　　本	889 mm×1194 mm　1／16
印　　张	16.5
版　　次	2020年1月第1版
印　　次	2020年1月第1次印刷
标准书号	ISBN 978-7-5713-0244-3
定　　价	298.00元（精）

图书如有印装质量问题，可随时向销售部调换（电话：022-87893668）。